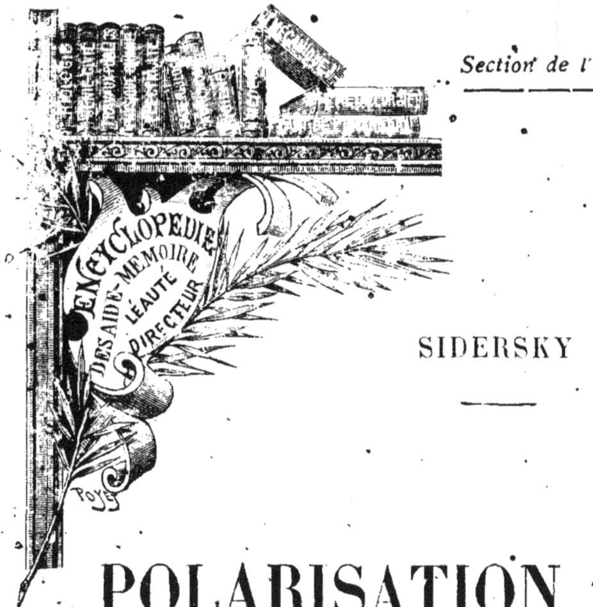

SIDERSKY

POLARISATION

ET SACCHARIMÉTRIE

GAUTHIER-VILLARS ET FILS

G. MASSON

ENCYCLOPÉDIE SCIENTIFIQUE DES AIDE-MÉMOIRE

ENCYCLOPÉDIE SCIENTIFIQUE

DES

AIDE-MÉMOIRE

PUBLIÉE

SOUS LA DIRECTION DE M. LÉAUTÉ, MEMBRE DE L'INSTITUT

N° 139 B

ENCYCLOPÉDIE SCIENTIFIQUE DES AIDE-MÉMOIRE

PUBLIÉE SOUS LA DIRECTION

DE M. LÉAUTÉ, MEMBRE DE L'INSTITUT.

POLARISATION

ET

SACCHARIMÉTRIE

PAR

D. SIDERSKY

Ingénieur-Chimiste

PARIS

GAUTHIER-VILLARS ET FILS, | G. MASSON, ÉDITEUR,

IMPRIMEURS-ÉDITEURS | LIBRAIRE DE L'ACADÉMIE DE MÉDECINE

Quai des Grands-Augustins, 55 | Boulevard Saint-Germain, 120

PRÉFACE

—

L'objet du présent volume étant l'étude de la polarisation rotatoire et de ses nombreuses applications dans la chimie analytique, je me suis efforcé de rendre cette étude aussi complète que possible, en y introduisant les résultats des nombreuses recherches sur le pouvoir rotatoire des matières organiques, dont la littérature, tant française qu'étrangère, s'est fort accrue dans les dernières années, et en les condensant dans des tables, afin de ne pas dépasser les cadres d'un aide-mémoire.

La première partie, théorique et descriptive, contient un exposé sommaire des propriétés de la lumière polarisée, du pouvoir rotatoire spécifique des substances actives, la description des principaux appareils de polarisation, ainsi que quelques détails sur la base de l'échelle saccharimétrique, suivis d'une table spéciale des poids normaux.

La seconde partie est consacrée à l'application
des constantes de rotation dans l'analyse quantitative de diverses matières sucrées, des alcaloïdes, etc. On y trouvera tous les détails
nécessaires indiqués brièvement, mais avec
précision. Quelques tables faciliteront aux chimistes l'application pratique des procédés décrits.
J'ai seulement écarté tout ce qui ne touche pas
directement au sujet principal : la polarisation,
estimant que toutes ces questions secondaires,
hors du cadre du présent opuscule, se trouvent
décrits dans les ouvrages spéciaux.

La plupart des tables dispersées dans ce
volume sont originales, sauf quelques-unes qui
ont déjà paru dans mon *Traité d'analyse des
matières sucrées*, Paris, 1890, Bernard et Cie.

Je me fais un agréable devoir de remercier
bien vivement tous ceux qui ont bien voulu
faciliter ma tâche par la communication de
précieux renseignements, notamment MM. les
Professeurs : Dr GUYE (Genève), Dr LIPPICH
(Prague) et Dr NASINI (Padoue).

D. SIDERSKY.

Paris, septembre 1895.

PREMIÈRE PARTIE

CHAPITRE PREMIER

PROPRIÉTÉS DE LA LUMIÈRE POLARISÉE

1. Rayon simple et rayon polarisé. — Un rayon lumineux simple, se réfléchissant dans toutes les directions, est susceptible de subir une modification particulière en vertu de laquelle, une fois réfléchi ou réfracté, il devient incapable de se réfléchir ou de se réfracter de nouveau dans certaines directions. Le rayon lumineux ainsi modifié est appelé *rayon polarisé* et l'on nomme *polarisation* le phénomène lui-même.

Ce nom a été donné parce que, dans le système de l'émission, on admettait, pour expliquer ce phénomène, que les molécules lumineuses prenaient des pôles et s'orientaient dans une même direction à la façon des aimants.

La *polarisation* fut découverte en 1810 par *Malus*, physicien français, mort en 1812.

La lumière se polarise par *réflexion*, par *réfraction simple* ou par *double réfraction*.

2. Polarisation par réflexion. — Quand un rayon de lumière ordinaire n'ayant subi ni réflexion ni réfraction, rencontre une lame de verre sous un angle de 35°25′ avec la surface, il est polarisé par *réflexion*, c'est-à-dire qu'il a perdu la propriété de se réfléchir dans la même incidence sur un deuxième plan de verre, si ce plan est perpendiculaire au premier. Ce rayon polarisé s'éteint d'autant moins que ces deux plans tendent davantage vers le parallélisme. Le plan de polarisation d'un rayon de lumière est le plan d'incidence par lequel ce rayon réfléchi est polarisé.

Pour produire et constater la polarisation par réflexion, on se sert de certains appareils, dont le plus simple est celui de *Malus*, perfectionné par *Biot*. Il se compose essentiellement de deux lames de verre noir, disposées aux extrémités d'un tube métallique de manière à pouvoir prendre différentes positions.

L'angle de polarisation d'une substance est l'angle que doit faire le rayon incident avec la

surface plane et polie de cette substance pour
que le rayon réfléchi soit polarisé le plus complètement possible. Ainsi, on a trouvé la valeur
de ces angles : pour le verre, 35°25' ; pour le
quartz, 32°28' ; pour le diamant, 22° ; pour l'obsi-
dienne (verre noir naturel polarisant très bien
la lumière), 30°30' et pour l'eau, 37°15'.

3. Polarisation par réfraction simple. —
Un rayon de lumière qui a traversé sous un
angle de 35°25' une pile de lames minces de
verres à faces parallèles est polarisé, car si on le
reçoit sous une seconde pile de glaces inclinées
de même, on constate que, quand le plan d'incidence et de réfraction sur la seconde pile est
perpendiculaire au plan d'incidence et de réfraction (plan de polarisation) sur la première, il y
a extinction plus ou moins complète de la
lumière et que, par toute autre position relative
de ces plans, la lumière polarisée traverse les
deux milieux réfringents, le maximum d'intensité lumineuse ayant lieu lorsque les plans sont
parallèles.

4. Polarisation par double réfraction. —
Lorsqu'un rayon de lumière ordinaire traverse
un rhomboèdre de spath d'Islande (carbonate de

chaux cristallisé), il se modifie à l'intérieur du cristal, en donnant lieu à deux rayons émergents qui, tous les deux sont *polarisés* ; l'un nommé *rayon ordinaire* parce qu'il suit les lois ordinaires de la réfraction, l'autre *rayon extraordinaire* qui suit d'autres lois. On reconnaît le fait de la polarisation dans ce cas, par l'éclat variable que présentent ces rayons lorsqu'on les fait tomber, sous un angle de 35°25′, sur une lame de verre et qu'on fait varier successivement la position du plan de réflexion sans changer l'angle de leur incidence.

5. Prisme de Nicol. — Pour produire la lumière polarisée par double réfraction, on fait usage d'un *prisme de Nicol* (*fig.* 1) formé des

Fig. 1

deux moitiés d'un rhomboèdre de spath d'Islande, scié suivant ses grandes diagonales et soudé ensuite, dans la même position, avec du baume de Canada, dont l'indice de réfraction est intermédiaire entre celui du rayon ordinaire et celui du rayon extraordinaire ; il en résulte qu'un rayon lumineux SC (*fig.* 2) pénétrant

dans le prisme, le rayon ordinaire éprouve sur
la surface *ab* la réflexion totale, et prend la
direction C*d*O, tandis que le rayon extraordinaire C*e* passe seul ; c'est-à-dire que le prisme

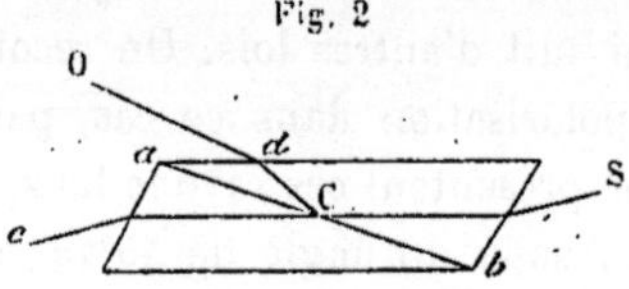

Fig. 2

de Nicol ne laisse passer que le rayon extraordinaire avec ses propriétés de rayon polarisé.

M. *Foucault* a substitué une couche mincé
d'air à la place du baume de Canada (*prisme de
Foucault*). M. *Glan*, faisant usage du même
procédé, découpe les parties inclinées de façon à
obtenir un prisme rectangulaire.

Tous les polarimètres et saccharimètres sont
composés de deux prismes distincts : le *polarisateur*, qui imprime à la lumière naturelle les propriétés de la polarisation, et l'*analyseur*, à l'aide
duquel on peut reconnaître l'effet de la polarisation. Ordinairement, les deux prismes sont de
même nature, soit deux prismes biréfringents de
Nicol, de *Savart*, de *Sénarmont*, etc.

6. Polarisation rotatoire. — Lorsque deux
miroirs de verre sont disposés de manière que

la lumière polarisée par le premier soit éteinte
par le second, l'introduction entre ces deux
glaces d'une lame de quartz, taillée perpendiculairement à l'axe, a la propriété de faire repa-
raître les rayons luminés qui se montrent
rassemblés en un faisceau coloré, phénomène
découvert en 1811 par *Arago*. Le même effet se
produit en plaçant le quartz entre deux prismes
de Nicol (polariseur et analyseur). Le plan de la
polarisation a donc tourné d'un certain angle,
nommé *angle de polarisation* ou *de rotation*,
que l'on détermine en faisant tourner jusqu'à ce
qu'on obtienne l'extinction de la lumière ou la
réduction au minimum d'éclat.

Si l'on opère avec de la lumière blanche, les
rayons polarisés présentent les couleurs spec-
trales, l'angle de polarisation est d'autant plus
grand que la couleur en considération est plus
réfrangible.

7. Appareil de Noremberg. — M. Noremberg a imaginé un appareil simple et peu
dispendieux, à l'aide duquel on peut répéter la
plupart des expériences relatives à la lumière
polarisée. Cet appareil se compose de deux
colonnes de cuivre (*fig.* 3), qui soutien-
nent une glace non étamée A, mobile autour

d'un axe horizontal. Un petit cercle gradué F

Fig. 3

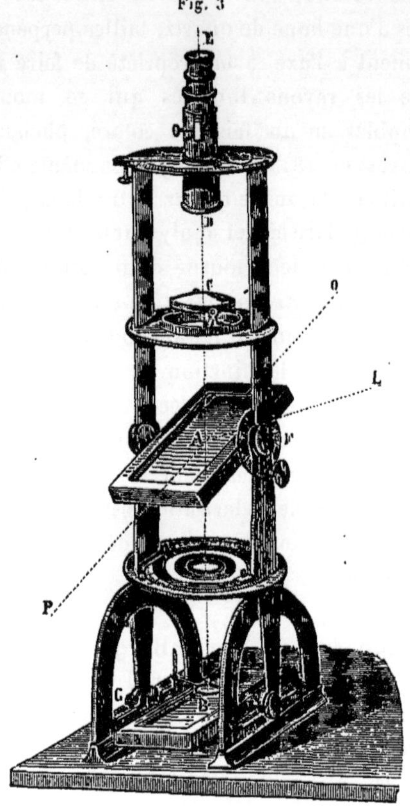

indique l'angle de cette glace avec la verticale.

Entre les pieds des deux colonnes est une glace
étamée B′, fixe et horizontale. A leur extrémité
supérieure, ces mêmes colonnes supportent un
plateau gradué dans lequel peut tourner un
disque circulaire. Enfin, un disque annulaire
peut se fixer, par une vis de pression, à différentes hauteurs sur les colonnes. Un deuxième
anneau C, soutenu par le premier, peut prendre,
autour d'un axe, différentes inclinaisons, et porte
un écran noir percé à son centre d'une ouverture
circulaire.

Cela posé, la glace A faisant, avec la verticale,
un angle de 35°25′, c'est-à-dire égal à l'angle de
polarisation du verre, les rayons lumineux LA,
qui rencontrent cette glace sous cet angle, se
polarisent en se réfléchissant dans la direction
AB′, vers la glace B′ qui les renvoie dans la
direction B′AE. Après avoir traversé la glace A,
le faisceau polarisé passe par un prisme biréfringent E, placé dans un tube D. On n'obtient
en E qu'une image toutes les fois que le plan de
la section principale du prisme coïncide avec le
plan de polarisation sur la glace A, et c'est alors
le rayon ordinaire qui est transmis. On ne voit
encore qu'une image quand le plan de la section
principale est perpendiculaire au plan de polarisation, et c'est alors le rayon extraordinaire

qui passe. Pour toute autre position du prisme biréfringent, on voit deux images dont l'intensité varie avec la position de la section principale.

Si l'on dispose en C une lame de quartz taillée perpendiculairement à l'axe et fixée dans un disque de liège, on observe en E deux images vivement colorées, dont les teintes sont complémentaires. En tournant alors le tube E à droite ou à gauche, les deux images changent de teinte et prennent successivement toutes les couleurs du spectre, tout en continuant à être complémentaires.

CHAPITRE II

—

8. Lois fondamentales de Biot. — Les phénomènes de la rotation ont été étudiés par *Biot*, qui en a déterminé les lois.

Il a trouvé que la rotation ou l'angle de polarisation est proportionnelle à l'épaisseur de la lame de quartz placée entre les deux Nicols. Il a trouvé aussi qu'il existe deux espèces différentes de quartz, dont l'une dévie le plan de polarisation à *droite* et l'autre le tourne dans le sens opposé ; et il nomme la première espèce *quartz dextrogyre* et la seconde *quartz lévogyre*. Sous la même épaisseur, les deux espèces de quartz donnent des effets égaux de polarisation, mais de signes contraires. Cette différence tient aux formes cristallines des deux variétés, dont l'une a des facettes hémiédriques tournées *vers la droite* et l'autre les a tournées *vers la gauche*.

Jusqu'en 1825, le quartz fut la seule substance présentant le pouvoir rotatoire. Depuis, on a étudié un grand nombre de matières organiques, naturelles ou artificielles, ainsi que plusieurs composés minéraux qui jouissent également de cette propriété ; les unes à l'état solide seulement, d'autres en dissolution dans un liquide optiquement inactif et quelques-unes même à l'état de vapeurs. Tels sont par exemple *tous les sucres*, les huiles volatiles, l'essence de térébenthine, les alcaloïdes et les gommes en dissolution dans l'eau, les chlorates et bromates de soude, le cinabre, le quartz, etc., à l'état solide.

Après avoir constaté que la rotation des substances solides suit les mêmes lois que celle du quartz, *Biot* a déterminé des lois analogues pour les matières ayant un pouvoir rotatoire à l'état des solutions dans les liquides inactifs :

(1) *L'angle de rotation est proportionnel à l'épaisseur de la couche de la solution que traverse le rayon de lumière polarisée.*

(2) *Si le rayon de lumière polarisée passe à travers plusieurs liquides différents, l'angle de polarisation sera égal à la somme ou à la dif-*

férence des rotations produites par chaque liquide séparément.

9. Définition du pouvoir rotatoire spé- cifique. — Pour comparer les rotations pro- duites par différentes matières, Biot a proposé de les ramener à l'unité de densité et d'épaisseur. Cette dernière est d'*un millimètre* pour les substances solides et d'*un décimètre* pour des matières en dissolution, dont le pouvoir rotatoire est notablement inférieur à celui de matières so- lides. La rotation ainsi exprimée est appelée *pou- voir rotatoire spécifique* de la matière examinée.

Il en résulte que si l'on désigne par

α, l'angle de polarisation observé ;

l, l'épaisseur en décimètres de la solution ob- servée ;

d, la densité de la solution ;

p, le poids de la matière active pour 100 gram- mes de solution ;

$c = pd$, le poids en grammes de matière active contenue dans 100 centimètres cubes de la solution,

le pouvoir rotatoire spécifique $[\alpha]$ de la ma- tière en question sera donné par la formule :

$$[\alpha] = \frac{100}{l.p.d.}.$$

Cette formule exige la connaissance de la proportion de la matière active pour 100 de solution (en poids), la valeur de p, ainsi que la densité de la solution (d). On peut cependant remplacer ces deux indications par la valeur de c, indiquant la quantité de matière active (en grammes) contenue dans 100 centimètres cubes de solution pd) : on aura alors une formule beaucoup plus simple exprimant le pouvoir rotatoire spécifique :

$$\alpha = \frac{100}{lc}$$

qui est celle qu'on emploie généralement dans les études de matières optiquement actives.

10. Dispersion rotatoire. — L'angle de polarisation varie avec la couleur de la lumière ; il est le plus petit pour les rayons rouges, et le plus grand pour les rayons violets ; la déviation est donc d'autant plus forte que la longueur d'onde (λ) est plus petite. Pour le quartz, le sucre de canne et quelques autres matières, la relation entre l'angle de polarisation α et la longueur d'onde λ est exprimée par la formule de Boltzmann :

$$\alpha = \frac{B}{\lambda^2} + \frac{C}{\lambda^4}$$

dans laquelle A et B sont des constantes.

Pour mesurer l'angle de polarisation d'une substance active pour les diverses raies du spectre, M. Broch a fait usage d'un procédé fort ingénieux. Il a placé devant l'oculaire d'un *polarimètre de Mitscherlich* (*fig.* 4) un spectroscope avec une lentille à colimateur. En plaçant entre les Nicols croisés une lame de quartz, on voit dans le spectroscope une bande noire qui se déplace lorsqu'on tourne le prisme polariseur, en éteignant successivement chacune des lignes de Frauenhofer. C'est que l'angle de polarisation variant avec les diverses raies du spectre, le Nicol polariseur ne peut éteindre à la fois que les rayons lumineux d'une seule couleur, correspondant à un angle déterminé du plan de polarisation.

On a essayé depuis la production artificielle d'une lumière monochromatique correspondant à la raie D (Na), et à quelques autres raies (Li, Th). M. Landolt y est parvenu récemment au moyen de liquides colorés combinés de façon à ne laisser passer qu'une seule couleur. Dans la pratique on donne la préférence à la raie D, facile à obtenir avec la lumière salée. Pour distinguer les diverses polarisations produites par les différentes lignes de Frauenhofer, on désigne par $[\alpha]_D$, $[\alpha]_B$, $[\alpha]_E$, etc., les rotations spécifiques de la matière active, en employant des rayons lumineux de diverses couleurs correspondantes.

La table suivante donne les rotations spécifiques du quartz aux diverses raies du spectre, avec les longueurs d'ondes λ correspondants :

Raie	λ (mm)	$[\alpha]$
B	0,000 6871	15,55°
C	6560	17,22
D	5888	21,67
E	5269	27,46
F	4860	32,66
G	4309	42,37
H	3967	50,98
Li	0,000 6703	16,43
Na	5888	21,67
Th	5366	25,59

11. Coefficients de dispersion. — En prenant comme unité la rotation du quartz la plus faible, soit $[\alpha]_B$, les rotations correspondantes aux autres raies des spectres seront :

$$B — \quad C — \quad D — \quad E — \quad F — \quad G$$
$$1 — 1,11 — 1,40 — 1,78 — 2,13 — 2,77$$

Ces coefficients sont les mêmes pour le sucre

de canne, le glucose, etc., tandis qu'ils se suivent dans d'autres proportions pour les autres substances actives. Nous verrons plus loin quelle est est l'importance de cette dispersion pour l'emploi du saccharimètre à compensateurs.

Certains instruments de polarisation sont disposés pour l'emploi de la lumière blanche ordinaire, donnant, par conséquent, l'angle de polarisation pour la teinte sensible, complémentaire des rayons jaunes moyens, dont la longueur d'onde est évaluée à ca. $\lambda = 0,00055$ millimètres. La rotation spécifique correspondante est désignée, sur la proposition de Biot, par $[\alpha]j$. Le rapport $[\alpha]_D : [\alpha]j$ est pour le quartz et les sucres de $1 : 1,13$.

12. Températures, concentrations et dissolvants.

— Le pouvoir rotatoire spécifique des substances actives est souvent influencé par la concentration du liquide. Ces variations sont plus ou moins grandes selon les matières et sont particulièrement accentuées dans les solutions de camphre (Moreau). Certains sucres présentent le phénomène de birotation, c'est-à-dire que la dissolution aqueuse fraîchement préparée dévie plus fortement la lumière polarisée que 24 après; l'ébullition fait disparaître ce phénomène.

13. Tables donnant les pouvoirs rotatoires spécifiques de diverses matières optiquement actives. — Nous avons réuni dans les tables suivantes les pouvoirs rotatoires spécifiques de presque toutes les matières actives étudiées jusqu'à présent, avec indication des auteurs et tous les renseignements nécessaires. Dans ces tables, comme partout dans le texte du présent ouvrage, ces divers renseignements sont désignés de la manière suivante :

$[\alpha]_D$ = le pouvoir rotatoire spécifique à la lumière du sodium ;

$[\alpha]j$ = le pouvoir rotatoire à la lumière blanche ordinaire ;

α = l'angle de polarisation pour 1 décimètre (liquide) ou 1 millimètre (cristaux) ;

p = grammes de matière active dans 100 gr. de solution ;

d = densité de la solution ;

$c = pd$ = grammes de matière active dans 100 centimètres cubes de liquide ;

t = température (centigrades) de l'observation.

C'est exactement la désignation adoptée par M. Biot indiquée plus haut.

A. CRISTAUX. — ROTATION POUR 1 MILLIMÈTRE D'ÉPAISSEUR

Substances	Raie	Rotations observées α	Observateurs
Quartz.	D	$\pm$ 20°,984	Biot.
//	G	$\pm$ 39, 513	
//	D	$\pm$ 21, 67 ou 21°,40'	Broch.
//	G	$\pm$ 42, 20	
//	A	$\pm$ 12, 668 ($t = 20°$)	
//	B	$\pm$ 15, 746 //	
//	C	$\pm$ 17, 318 //	
//	D_2	$\pm$ 21, 684 //	Soret et Sarasin.
//	D_1	$\pm$ 21, 727 //	
//	E	$\pm$ 27, 543 //	
//	F	$\pm$ 32, 773 //	
//	G	$\pm$ 42, 604 //	
//	Li.	$\pm$ 16, 402	Von Lang.
//	Tl.	$\pm$ 26, 533	
//	j.	$\pm$ 24°,5 (complément de la teinte rouge)	Landolt.

Substances	Raie	Rotations observées α	Observateurs
Quartz.	ts.	$\pm$ 24	
//	r.	$\pm$ 18, 05 (verre rouge au cuivre)	Biot.
Cinabre	D	3, 25	Descloizeaux.
Chlorate de sodium.	D	$\pm$ 3, 104	Guye.
Bromate de sodium.	D	$\pm$ 2, 17	Traube.
Periodate de sodium.	D	$\pm$ 23, 3	Groth.
Hyposulfate de potassium. . . .	D	$\pm$ 8, 385	
// de calcium (4 aq.). .	j.	$\pm$ 2, 091	Passe.
// de strontium (4 aq.) .	j.	$\pm$ 1, 642	
// de plomb	D	$\pm$ 5, 531	
Acétate d'urane et de sodium . .	j.	$\pm$ 1, 8	Marbach.
Benzile	D	$\pm$ 24, 837	Descloizeaux.
Sulfate d'éthylène-diamine . . .	D	$\pm$ 15, 5	Von Lang.
Carbonate de guanidine	D	$\pm$ 14, 58	
Sulfate de strychnine	r.	— 10, 791	
Phtaléine du phénol diacétylée. .	Li.	$\pm$ 17, 1	Bodewig.
	Na.	19, 7	
	Tl.	23, 8	
Camphre de matico.	D.	2, 07	Hintze.
Sulfoantimoniate de sod. (9 aq.) .	j.	$\pm$ 2, 67	Marbach.

Substances	Température C°	Limites de la concentration	Signes	Pouvoirs rotatoires $[\alpha]_D$	Observateurs
Sucre de canne ($C^{12}H^{22}O^{11}$).	20	$p = 4 - 18$	+	$66,810 - 0,015553\,p - 0,000052462\,p^2$	Tollens.
(Solutions aqueuses) . . .	20	$p = 18 - 69$	+	$66,386 + 0,015035\,p - 0,0003986\,p^2$	
//	20	$q = 35 - 98$	+	$64,156 + 0,051596\,q + 0,000280529\,q^2$	Schmitz.
//	20	$c = 4 - 28$	+	$66,67 - 0,00955\,c$	Landolt.
//	20	$p = 0,5 - 1,2$	+	$69,96 - 4,8696\,p + 1,8615\,p^2$	Nasini et Villa-vecchia.
//	20	$p = 3 - 65$	+	$66,438 + 0,010312\,p - 0,00035449\,p^2$	
//	20	$p = 0,2 - 4$	+	$64,262 - 0,6063\,p + 2,346\,p^{1}/_2$	Pribram.
//	t	$p = 15 - 24$	+	$[\alpha]_D^t = [\alpha]_D^{20} - 0,000114\,(t-20)$	Andrews.
Dextrose (glucose) $C^6H^{12}O^6$ (anhyd) . .	20	$p = 0 - 100$	+	$52,50 + 0,018796\,p + 0,00051683\,p^2$	Tollens.
Idem ($C^6H^{12}O^6 + H^2O$). .	20	$p = 0 - 100$	+	$47,73 + 0,015534\,p + 0,0003883\,p^2$	
Lévulose ($C^6H^{12}O^6$). . .	0 - 40	$c = 0 - 40$	—	$100,30 - 0,108\,c + 0,56\,t$	Jungfleisch et Grimbert.
Sucre inverti (§ 44) . .	20	$c = 1 - 14$	+	$20,07 - 0,041\,c$	Hammerschmidt.
Lactose ($C^{12}H^{22}O^{11} + H^2O$) .	20	$p = 0 - 36$	+	$52,47$ (constant)	Berthelot.
Maltose ($C^{12}H^{22}O^{11}$). . .	15 - 35	$p = 5 - 35$	+	$140,375 - 0,01837\,p - 0,095\,t$	Meissl.
Galactose ($C^6H^{12}O^6$) . .	10 - 30	$p = 5 - 35$	+	$83,883 + 0,0785\,p - 0,209\,t$	
Arabinose ($C^6H^{12}O^6$) . . .	20	$p = 10$	+	$105,5$ (constant)	V. Lippmann, Scheibler.
Raffinose ($C^{18}H^{32}O^{16} + 5aq$) .	20	$p = 0 - 10$	+	$104,5$ (constant)	Loiseau, Scheibler, Tollens et V. Lippmann.
Mannite dichlorhydrique .			—	$3,75$	Buchardat.
// hexacétique . .			+	18	//
Mannitane.			—	24 à 25	Buchardat, Vignon
// monochlorhyd. .			+	$18,7$	//
// tétracét. . . .			+	23	//
Ether dimannitique . . .			—	$5,59$	//
Glucose tétracétochlor. . .			+	147	Colley.
// tétracétonitrique .			i+	159	//
Isodulcite (rhamnose). . .			+	$8,07$	Rayman et Kruis.
Mélézitose.			+	$88,35$	Alekhin.
Saccharine du lactose . .	(Métasaccharine)		—	$48,4$	Kiliani.
// du maltose . .	(Isosaccharine)		+	63	Cuisinier
Dextrine			+	$194,8$	Brown et Héron.
Lévulane			—	221	Von Lippmann.
Inuline.			—	$36,5$	Lescœur, Morelle.

B. SUCRES ET HYDRATES DE CARBONE (*suite*)

Substances	Température de l'observation	Limites de concentration	Signes	Pouvoirs rotatoires $[\alpha]_0$	Observateurs
Mannite		$c=15$	$j-$	0,03	Pasteur.
Nitromannite, *alcool*. . .		$c=7,5$	$+$	40 à 42	Krusemann.
Quercite	16	$c=1-10$	$+$	24,3	Prunier.
Salicine.	15	$c=1-3$	$-$	$65,17-0,63c$	Hesse.
Phlorizine, *alcool* . . .	22,5	$c=1-5$	G	$49,4+2,41c$	//
Sorbine.		$p=10$	$-$	43,4	Wehmer et Tollens.
Xylose	20	$q=38-97$	$+$	$40,860+0,01408q-3,6613q^{1/2}$	Schmelle et Tollens.
Thréhalose (anhyd.) . . .		$p=10$	$+$	197,23	Apping.
Sennite.		$p=15$	$+$	65,22	Seidel.
Phlorose	20°	$c=1$	$+$	39°,7	Hesse.
Eucalyne			$j+$	50 environs	Berthelot.
Cerebrose			$+$	70,67	Tollens
Cyclamose.			$-$	11,40	Michaud.
Parasaccharose	10°		$j+$	108	Iodin.

Substances		Signes	Pouvoirs rotatoires	Observateurs
Centianose		$+$	65,7	Arthur Meyer.
Lactosine anhydre		$+$	212	//
Amidon	(empois)	$+$	197	Brown et Heron.
Amylodextrine		$+$	194,8	//
Maltodextrine		$+$	174,5	Brown et Moris.
Dextrane		$+$	200	Scheibler.
Galisine		$+$	$68,036-0,171481q$	Schmidt, Cobengl de Rosenhech.
Glycogène.	$p=0,6$	$+$	213,3	Landwehr.
α. Amylane		$-$	22 à 26	O'Sullivan.
β. Amylane		$-$	27 à 74	//
Triticine (ou irisine) . . .		$-$	50,1	Dragendorff, Wallach.
α. Galactane (galactide) . .		$+$	115	Levallois.
β. Galactane		$+$	148,7	Schulze et Steiger.
λ. Galactane		$+$	238	Von Lippman.
Acide nétapectique . . .		$-$	88,7	Scheibler.
Gomme de bois (alcalins) .		$-$	84	Foumaride et Figuier.
Chinovite		$+$	84,1	Oudemans.

Substances	Température de l'observation	Limites de concentration	Signes	Pouvoirs rotatoires $[\alpha]_D$	Observateurs
Acide camphorique . . .	20°	$c = 0,64$	+	46°,2	Landolt.
// alcool. . . .	20	$c = 2,562$	+	47, 5	//
// ac. acétique. .	20	$c = 3,026$	+	46, 3	//
Acide cholalique, *alcool*. .		$c = 3,338$	+	50, 2	Hoppe Seyler.
// (sel Na *eau*).		$c = 19,049$	+	26	//
// glutam. HClde9,5 B°.	18	$p = 5,45$	+	34, 7	Ritthausen.
Acide glutanique		$p = 18,81$	—	1, 98	//
Acide glychocoliq. *alcool* .		$c = 9,504$	+	29	Hoppe Seyler.
Acide malique *eau*. . . .	20	$q = 30 - 65$	+	5, 891 — 0°,08959 q	Schneider.
// // . . .	20	$q = 66 - 92$	—	5, 891 — 0, 08959 q	//
Malate de potasse ac., *eau* .	20	$q = 73 - 91$	—	0, 6325 — 0, 05562 q	//
// neutre // . .	20	$q = 38 - 91$	—	3, 016 — 0, 1588 q + 0, 0005555 q^2	//
Malate de soude. ac , *eau* .	20	$q = 41 - 80$	—	9, 367 — 0, 2791 q + 0,. 001152 q^2	//
Malate de soude neutre, *eau*	20	$q = 34 - 52$	+	15, 202 — 0, 3322 q + 0, 00008184 q^2	//
// // //		$q = 53 - 95$	—	15, 202 — 0, 3322 q + 0, 00008184 q^2	//
Malate d'amm. ac., *eau* . .	20	$q = 72 - 94$	—	3, 955 — 0, 02879 q	//
// neutre // . .	20	$q = 37 - 83$	—	3, 315 — 0, 005042 q 0, 0005155 q^2	//
Acide podocarpiq., *a'cool* .		$c = 4 - 9$	+	136	Oudemans.
Acide quinique.	15	$c = 2 - 10$	—	43, 9	Hesse.
Acide santonique, *alcool* .	22, 5	$c = 1 - 3$	—	25, 8	//
Acide tartrique.	20	$c = 0,5 - 15$	±	15, 06 — 0, 131 c	//
Tartrate de potas. neutre .	20	$c = 11,597$	±	28, 48	Landolt.
// acide. .	20	$c = 0,615$	±	22, 61	//
Tartrate de soude neutre .	20	$c = 9,946$	±	30, 85	//
// acide. .	20	$c = 4,409$	±	23, 95	//
Tartrate de pot. et soude .	20	$c = 10,771$	±	29, 67	//
Tartrate d'amm. neutre. .	20	$c = 9,433$	±	34, 26	//
// acide . .	20	$c = 1,712$	±	25, 65	//

D. CORPS NEUTRES

Substances	Température de l'observation	Limites de concentration	Signes	Pouvoirs rotatoires $[\alpha]_0$	Observateurs
Emétique ordinaire . . .	24°	$c = 7.982$	±	142, 76	Landolt.
Taurochol. de sod. *alcool* .		$c = 9,898$	+	29	Hoppe Seyler.
Acide valérique.	90	$d = 0,933$	+	3, 6	//
Alcool amylique (Le Bel). .	19	$d = 0,812$	—	5, 70	//
Chlorure d'amle (Le Bel).	15	$d = 0,886$	+	1°,24	Hoppe Seyler.
Bromure // //	15	$d = 1,225$	+	3, 60	//
Iodure // // .	15	$d = 1,54$	+	5, 52	//
Cholestérine, *éther* . . .		$c = 7,94$	—	31, 59	Lindenmeyer.
// *chloroforme*.	15	$c = 2,8$	—	36, 61 $+ 0,249\,c$	Hesse.
Echicérine, *chloroforme*. .	15	$c = 2$	+	66, 75	Iobst et Hesse.
Echirétine, *éther*	15	$c = 2$	+	54, 8	//
Echitéine, *chloroforme* . .	15	$c = 2$	+	85, 5	//
// // . .	15	$c = 2$	+	75, 3	//

Substances	Température de l'observation	Limites de concentration	Signes	Pouvoirs rotatoires $[\alpha]_0$	Observateurs
Euphorbone, *éther*. . . .	15	$c = 4$	+	11, 7	Hesse.
Phytostérine, *chloroforme*.	15	$c = 1,636$	—	34, 2	//
Santonine, *alcool*	20	$c = 1,782$	—	161	Nasini.
Métasantonine // . .	20	$c = 2,206$	+	124	//
Santonide // . .	20	$c = 3,1 - 30,5$	+	754	//
// *alcool*	20	$c = 4,046$	+	693	//
Parasantonide, *chlorofor-me*	20	$c = 2,6 - 50,3$	+	891, 7	//
Asparagine, *eau*.	15	$p = 1,66$	+	6, 436	Champion et Pellet.
// ammon. 10 % .	15	//	—	10, 684	//
// HCl 10 % . .	15	//	+	37, 45	//
Menthol, *alcool absolu* . .	22	$c = 4,9$	—	49, 4	//
Albumine du sérum, *eau* .			—	56	Hoppe Seyler.
// NaCl *saturé* . .			—	64	//
// ac. acét. dilué .			—	71	//
// d'œuf, *eau*. . .			—	35, 5	//
Caséine *sol.* MgSO⁴ . . .			—	80	//
// *sol. dil.* HCl. . .			—	87	//
// *sol. dil.* NaHO . .			—	76	//

$$\text{D. corps neutres } (suite)$$

Substances	Température de l'observation	Limites de concentration	Signes	Pouvoirs rotatoires $[\alpha]_D$	Observateurs
Albuminate de potassium .					Hoppe Seyler.
// (alb. sérum). .			—	86	//
// (alb. d'œuf) . .			—	47	//
// (alb. coagulée) .			—	58, 5	//.
// (caséine, KHO) .			—	91	//
Paralbumine (kyste ov.). .			—	59 à 64	//
Syntonine, *sol. dil.* HCl. .			—	72	//
Glutine.	24°	$c = 6,12$	—	130	De Barry.

$$\text{E. ALCALOÏDES}$$

Substances	Température de l'observation	Limites de concentration	Signes	Pouvoirs rotatoires $[\alpha]_D$	Observateurs
Aricine *alcool*, 97 % . .	15	$c = 1$	—	14,1	Hesse.
Brucine // 80 % . . .	1 5	$c = 5,4$	—	85	Oudemans.
Cinchonicine, *chloroforme* .	15	$c = 2$	+	46,5	Hesse.
// *alcool*, 95 % .	15	$c = 2 - 5$	—	$113,53 - 0,426\, c$	//
// bisulfate, *eau* .				$105,96 - 1,0267\, c +$	//
+ 1 mol. H^2SO^4 .	15	$c = 1 - 7$	—	$0,03376\, c^2 - 0,00104\, c^3$	//
Cinchonine, *alcool*. . . .	15	$c = 1$	+	225,96	//
// chlorhydrate, *eau* .	15	$c = 0,5 - 3$	+	$165,5 - 2,425\, c$	//
// // *alcool* 97 % .	15	$c = 1 - 10$	+	$179,81 - 6,314\, c +$	//
				$0,8406\, c^2 - 0,0371\, c^3$	//

Substances	Température de l'observation	Limites de concentration	Signes	Pouvoirs rotatoires $[\alpha]_D$	Observateurs
Cinchomine sulf. basique, *eau*	15	$c = 12$	+	$17,03 - 0,855\, c$	//
// // *alcool* 97 % .	15	$c = 3 - 10$	+	$193,29 - 0,374\, c$	//
Cinchoténine, 1 *volume alc* 97 % et 2 *vol. chloroforme*.	15	$c = 2$	+	115,5	Hesse.
Codéine, *alcool* 97 % . .	15	$c = 2$	—	135,8	//
Conicine	15	$d = 0,873$	+	17,9	Schifl.
Cusconine, *alcool* 97 % . .	15	$c = 2$	—	54,3	Hesse.
Homocinchonidine, *alcool*. 97 %	15	$c = 2$	—	109,3	Hesse.
Laudanine, *chloroforme*. .	22, 5	$c = 2$	—	13,5	//
Laudanosine //	22, 5	$c = 2$	+	56	//
Morphine, hydrate, *eau* . . + 1 mol. Na^2O .	22, 5	$c = 2$	—	67,5	//
Morphine chlorhyd., *eau* .	15	$c = 1 - 4$	—	$100,67 - 1,14\, c$	//
// sulfate, *eau* . .	15	$c = 1 - 4$	—	$100,47 - 0,96\, c$	//
Narcotine, *alcool* 97 % . .	22, 5	$c = 0,74$	—	185	//
// *eau* + 2 *mol.* HCl.		$c = 2$	+	42	//
Nicotine	20	$d = 1,01101$	—	161,55	Landolt.
// *alcool*	20	$q = 10 - 85$	—	$168,33 - 0,22236\, q$	//
// chlorhydr., *eau* .	20	$q = 57 - 90$	+	$51,50 - 0,65319 +$ $0,004238\, q^2$	// //
// acétate, *eau*. . .	20	$q = 77 - 95$	+	$49.68 - 0,71899 +$ $0,002542\, q^2$	// //
// sulfate // . . .	20	$q = 30 - 90$	+	$19,77 - 0,05911\, q$	//

E. ALCALOÏDES (*suite*)

Substances	Température de l'observation	Limites de concentration	Signes	Pouvoirs rotatoires $[\alpha]_D$	Observateurs
Papavérine, *alcool* 97 °/₀ .	15	$c = 2$	—	4	Hesse.
Paytine, *alcool*		$c = 0,4542$	—	49,5	//
Quinamine //		$c = 0,8378$	+	106,8	//
Quinéthyline . // . . .	20		—	169,4	Grimaux et Arnaud.
Quinicine, *chloroforme* . .	15	$c = 2$	+	44,1	Hesse.
Quinidine, *alcool* 97 °/₀ . .	15	$c = 1 - 3$	+	$236,77 - 3,01\ c$	//
// chlorhydrate, *cau.*	15	$c = 1 - 2$	+	$205,83 - 4,328\ c$	//
// sulfate, eau . . .	15	$c = 2 - 8$	+	$218 - 0,8\ c$	//
Quinine, hydr., *alc.* 97 °/₀ .	15	$c = 1 - 10$	—	$145,2 - 0,657\ c$	Hesse.
// // éther . . .	15	$c = 1,5 - 6$	—	$158,7 - 1,911\ c$	//
// chlorhydrate, *eau.*	15	$c = 1 - 3$	—	$144,98 - 3,15\ c$	//
// sulfate monobas. + 7 aq., *eau.*	15	$c = 1 - 6$	—	$164,85 - 0,01\ c$	//
// // acide + 5 aq. //	15	$c = 2 - 10$	—	$170,03 - 0,94\ c$	//
// // acide + 7 aq. //	15	$c = 2 - 10$	—	$155,69 - 1,136\ c$	//
Strychnine, *alcool* 80 °/₀ .		$c = 0,91$	—	128	Oudemans.
Thébaïne // 97 °/₀ .	15	$c = 2$	—	218,6	Hesse.
Atropine, *alcool*	15	$p = 3,22$	—	0,4	//
// sulfate, *cau* . .	15	$p = 2$	—	8,8	//

F. ESSENCES

Substances	Température de l'observation	Limites de concentration	Signes	Pouvoirs rotatoires $[\alpha]_D$	Observateurs
Hyoscyamine, *alcool* . . .	15	$p = 3,22$	—	20,3	Hesse.
" sulfate, *eau* .	15	$p = 2$	—	28,6	"
Hyoscine, *alcool*	15	$p = 2,65$	—	13,7	"
" bromydrate . .	15	$p = 4$	—	22,5	"
Camphre des laur. *alc* . .	20°	$q = 45 - 90$	+	$54,38 - 0,1614\ q + 0,000369\ q^2$	
" *alc. méthylique.*	20	$q = 50 - 80$	+	$56,15 - 0,1769\ q + 0,000661o\ q^2$	
" *ac. acétique* . .	20	$q = 34 - 84$	+	$55,49 - 0,1372\ q$	
" *acét. d'éthyle.* .	20	$q = 46 - 85$	+	$55,15 - 0,04383\ q$	
" *benzine.* . . .	20	$q = 36 - 76$	+	$55,21 - 0,163\ q$	

F. ESSENCES (*suite*)

Substances	Température de l'observation	Limites de concentration	Signes	Pouvoirs rotatoires $[\alpha]_D$	Observateurs
Ess. de téréb. (P. australis) .	20	$d = 0,9108$	+	$14,147$	Landolt.
// // alcool, .	20	$q = 27.78$	+	$14.173 - 0,011782\, q$	
// (Pins silvestris) .	24,5	$d = 0,8547$	+	$27,7$	Flawitkzy.
// // ordinaire.	20	$d = 0,863$	—	$36,3$	Atterberg.
// // alcool . .	20	$q = 10 - 90$	—	$36,974 + 0,0048164\, q + 0,0001331\, q^2$	
// // benzine .	20	$q = 10 - 90$	—	$36,970 + 0,021531\, q + 0,000067627\, q^2$	
// // ac. acétiq.	20	$q = 10 - 90$	—	$36,894 + 0,024553\, q^2\; 0,00013686\, q^2$	

G. ESSENCES (ANCIENNES DÉTERMINATIONS)

Substances	Température de l'observateur	Limites de concentration	Signes	Pouvoirs rotatoires $[\alpha]_j$	Indice de réfraction (D)	Observateurs
Essence d'aspic	12°		j+	3,3o		Buignet
// de bergamote . . :	12	d = 0,688	j+	18,45	1,468	//
// de camomille . . .	12	d = 0,881	j+	48,80	1,462	//
// de carvi	12	d = 0,916	j+	87,33	1,493	//
// de cédrat	12	d = 0,855	j+	88,88	1,478	//
// de citron	12	d = 0,851	j+	87,65	1,479	//
// de fenouil	12	d = 0,984	j+	8,13	1,555	//
// de genièvre . . .	12	d = 0,879	j+	14,79	1,495	//
// de girofle	12	d = 1,061		o	1,542	//
// de lavande	12	d = 0,886	j—	21,2	1,467	//
// de menthe poiv. ang.		d = 0,904	j—	34,29	1,469	//
// // française.		d = 0,904	j—	14,3	1,469	//
// // pouliot .			j+	25,07		//
// de muscade. . . .		d = 0,874	j+	34,28	1,483	//
// de néroli			j+	10,25		//
// de fleurs d'or, du Midi		d = 0,878		o	1,482	//
// de Paris.		d = 0,847		o	1,482	//
// d'oranges		d = 0,887		o	1,477	//
// de petit-grain. . .			j+	20,47		//

G. ESSENCES (*suite*)

Substances	Température de l'observateur	Limites de concentration	Signes	Pouvoirs rotatoires $[\alpha]_j$	Indice de réfraction (D)	Observateurs
Essence de romarin		d = 0,896	j +	14,67	1,475	Buignet.
// de santal citran . .		d = 0,975	j —	24,3	1,514	//
// de sassafras . . .	12	d = 1,087	j +	2,45	1,541	//
// de sauge.		d = 0,896	j —	8,93	1,475	//
// de térébentine. . .		d = 0,867	j —	43,5	1,476	//
// de thym		d = 0,890	j —	11,23	1,483	//
// de copahu	12		j —	17,33		//
// d'amandes amères .	12	d = 1,059		o	1,550	//
// de canelle de Chine	12	d = 1,064		o	1,593	//
// // de Ceylan.	12	d = 1,033		o	1,563	//
// d'anis.	16,5	d = 0,9852	—	0,41	1,5666	Gladestone.
// de bois rose . . .	17	d = 0,9064	—	6,95	1,1403	//
// de bouleau. . . .	8	d = 0,9005	+	16,76	1,4921	//
// de citronnelle. . .	21	d = 0,8908	—	1,76	1,4659	//
// de géran. de l'Inde .	21, 5	d = 0,9043	—	1,74	1,4714	//
// de limon (citr. med.).	16, 5	d = 0.8498	+	76,44	1,4727	//
// d'écorce d'orange .	20	d = 0.8509	+	14,84	1,4699	//
// de rose	25	d = 0.8912	—	3,09	1,4627	//
// de Wintergreen . .	15	d = 1,1243	+	1,05	1,5278	//

14. L'activité optique et la Stéréochimie.
— En 1860, M. *Pasteur* a fait la remarquable découverte des rapports existant entre l'activité optique de certaines substances et l'hémièdrie non superposable des cristaux, puis il démontrait que toutes les combinaisons chimiques sans exception se partagent en deux classes : celle dont la molécule réalise un arrangement d'atome dissymétrique ; celle dont la molécule réalise un arrangement d'atome homéodrique ; que toutes les molécules des corps actifs réalisent précisément un arrangement dissymétrique des atomes ; qu'à tout corps dextrogyre doit correspondre un lévogyre, que les racémiques résultent de la juxtaposition des deux arrangements moléculaires dissymétriques droit et gauche.

L'exactitude de cette opinion fut depuis confirmée par les nombreuses recherches de MM. *Van t'Hoff, Le Bel, Guye, Derocux*, etc. qui forment la base de la *stéréochimie*, une *théorie* ayant résisté vaillamment aux nombreuses attaques et qui compte actuellement de nombreux partisans. M. *Étard* a donné récemment un exposé sommaire de cette théorie à laquelle M. *Van 't Hoff* a consacré son remarquable ouvrage : *La Chimie dans l'espace.*

CHAPITRE III

—

15. Polarimètres et Saccharimètres. —
Les instruments de polarisation dont on fait
usage dans les laboratoires sont de deux genres
différents. Les uns appelés *polarimètres* sont
des instruments à rotation directe, permettant
de mesurer directement l'angle de rotation en
tournant le prisme analyseur autour de son axe.
Ces instruments portent une échelle divisée en
degrés d'arc et ils sont d'un usage général. Les
autres, appelés *saccharimètres*, sont destinés
plus spécialement à l'étude de matières sucrées
ou de toute substance dextrogyre dont la dispersion rotatoire aux diverses raies du spectre
est identique à celle du quartz. Le prisme analyseur est généralement fixe et la rotation est

mesurée au moyen d'un compensateur Soleil que nous décrirons plus loin.

Nous allons décrire sommairement les principaux instruments employés.

16. Polarimètre de Mitscherlich (*fig.* 4). — C'est le polarimètre le plus ancien et le plus simple, mais il n'est guère employé actuellement. Il se compose d'un prisme polariseur, placé du côté de la source de lumière, et d'un prisme analyseur mobile, placé du côté de l'observateur. La colonne de liquide dont on veut déterminer le pouvoir rotatoire se place entre ces deux prismes de Nicol. A l'extrémité antérieure de l'appareil se trouve un limbe fixe, divisé en degrés d'arc. Le prisme analyseur est mobile autour de l'axe de l'appareil et sa monture porte un index. Une manette, faisant avec l'index un angle droit, sert à faire tourner l'analyseur.

Quand la pointe de l'index coïncide avec le zéro de la graduation, ce qui a lieu quand aucun liquide doué de pouvoir rotatoire n'est placé dans l'appareil, les deux prismes de Nicol, — polariseur et analyseur, — ont leurs sections principales à angle droit. Dans cette position, il n'y a plus de lumière transmise par

l'analyseur et le champ de vision est sombre.
A ce moment, en regardant à travers l'appareil,
c'est-à-dire en plaçant l'œil contre l'analyseur,

Fig. 4

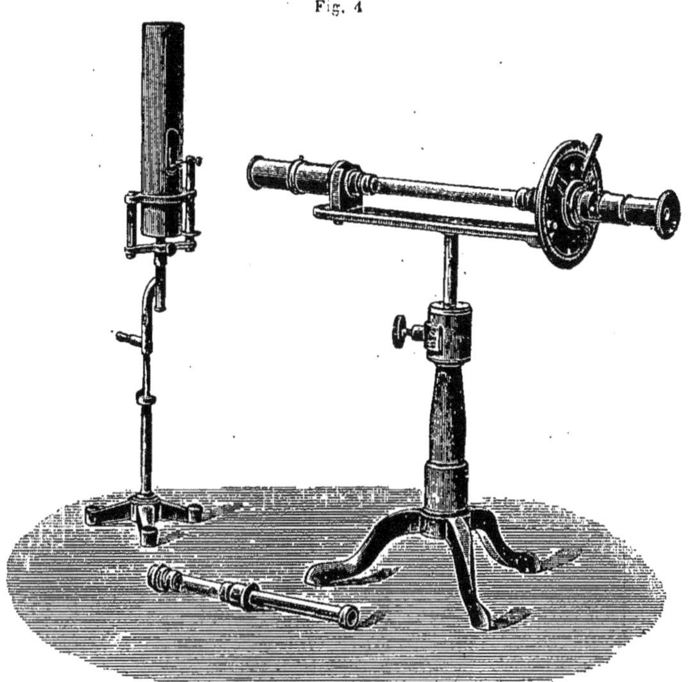

on aperçoit un disque noir ayant à droite et
à gauche ses deux bords faiblement éclairés. Le
disque est comme traversé par une large bande

verticale, qui va en se dégradant uniformément
des deux côtés.

Si maintenant on place dans l'appareil un
tube rempli d'un liquide clair, déviant vers la
droite ou vers la gauche le plan de polarisation, la lumière passe à travers l'analyseur
et le champ de vision devient plus clair et
prend une coloration généralement un peu
jaunâtre. Si le liquide en expérience est dextrogyre, on voit, en faisant alors tourner le prisme
analyseur vers la droite, que le disque lumineux
formé par le champ de vision devient successivement jaune, vert, bleu, violet, rouge. On
arrête le mouvement de rotation imprimé au
prisme analyseur au moment précis où le disque prend une coloration fleur de pêcher intermédiaire entre le bleu et le violet.

Pour augmenter la sensibilité de son appareil,
M. *Mitscherlich* ajouta au polariseur une lentille disposée de façon à ce que, pour la position correspondante à l'extinction totale, le
champ de vision ne paraisse plus uniformément
noir, mais laisse voir en son milieu, à la distance de la vision normale de l'œil, une petite
image renversée de la flamme. M. *Robiquet* a
remplacé cette lentille par une plaque double
de quartz formée de deux demi-disques d'égales

épaisseurs, l'un dextrogyre et l'autre lévogyre.
Avec cette disposition, lorsque les deux sections
principales du polariseur et de l'analyseur sont
perpendiculaires l'une à l'autre, les deux moitiés
du champ de vision prennent une coloration
jaune uniforme. Quand, au contraire, les deux
sections principales sont parallèles, la coloration
jaune fait place à une coloration bleue. C'est de
cette dernière qu'on se sert comme teinte sensible.

17. Lumière monochromatique. — Un remarquable progrès dans la polarimétrie a été
réalisé par M. Cornu par la substitution à la
lumière blanche d'une lumière monochromatique jaune aussi intense que possible. En faisant passer cette lumière dans l'appareil de
Mitscherlich contenant une solution active, l'observation de la rotation produite se fait exactement comme la mise au zéro, toute coloration
étant exclue.

Pour obtenir cette lumière monochromatique
jaune, on place devant le polarimètre une
flamme à gaz incolore qu'on obtient facilement
avec un brûleur de Bunsen (*fig.* 4) dans lequel on
a introduit assez d'air pour en faire disparaître
la partie lumineuse. On plonge et l'on maintient

dans cette flamme, pendant toute la durée des expériences, une petite corbeille en platine contenant un sel de soude, du chlorure de sodium fondu, par exemple. Il se produit alors une lumière jaune sensiblement homogène et assez vive pour que l'œil puisse en apprécier les moindres variations sans être ébloui.

18. Polaristrobomètre de Wild. — Cet appareil (*fig.* 5) permet de faire les observations avec une grande précision, grâce au phénomène des bandes ou franges d'interférences produites par un prisme de Savart intercalé entre le polariseur et l'analyseur. Les rayons lumineux monochromatiques partant d'un bec de Bunsen à chlorure de sodium passent d'abord à travers un polariseur N constitué par un prisme de Nicol, et placé derrière un diaphragme D de 10 millimètres d'ouverture. La monture du prisme polariseur est liée par des vis à un disque circulaire gradué K portant une roue d'engrenage qu'un petit pignon denté C, fixé à l'extrémité d'une tige, permet de faire tourner. Le mouvement du disque circulaire K entraîne le prisme polariseur N toutes les fois que les vis, reliant la monture du prisme à ce disque, sont serrées. Derrière le polariseur se place le tube

renfermant le liquide à examiner. Après avoir
traversé ce tube, les rayons lumineux rencontrent les deux lames de quartz croisées et taillées

Fig. 5

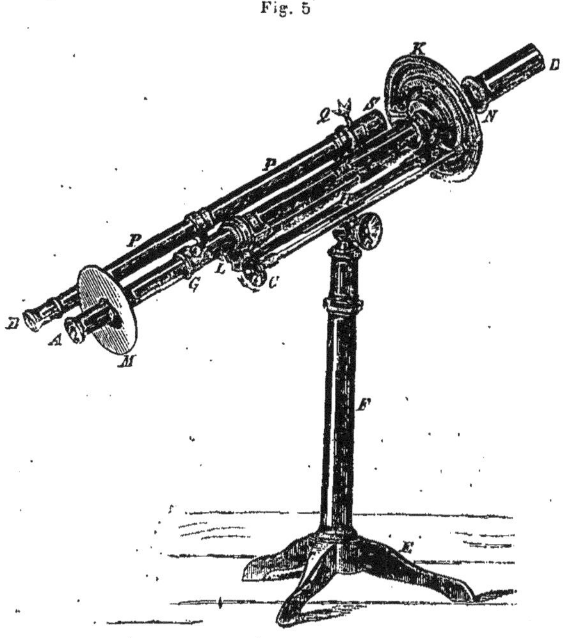

sous une inclinaison de 45 degrés par rapport à
leur axe optique. Ces deux lames ont une épaisseur de 3 millimètres. Les franges déliées qu'y
produit la lumière polarisée, par les phéno

mènes d'interférences, sont examinées à l'aide
d'une lunette astronomique A à faible grossisse-
ment ayant une lentille comme objectif et
une autre comme oculaire. Cette lunette est
munie d'un réticule formé de deux fils fins

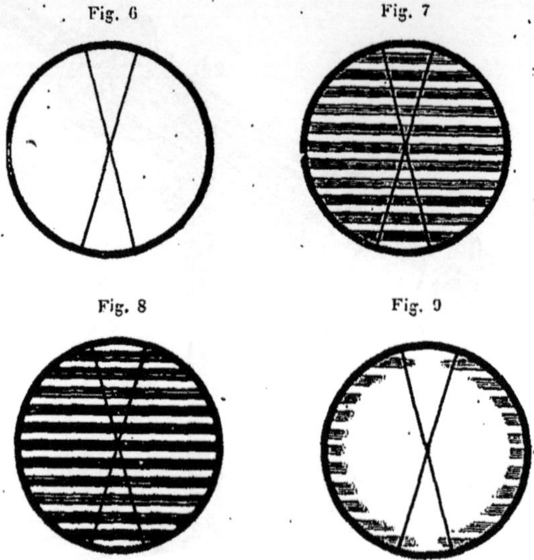

croisés (*fig.* 6). Entre l'oculaire et l'objectif se
trouve un prisme analyseur, prisme de Nicol ou
de Foucault, dont la section principale est horizontale et fait, avec la section principale de la
double plaque de quartz, un angle de 45 degrés.

Un écran M extérieur à l'appareil sert à abriter
l'œil de l'observateur contre les rayons lumineux extérieurs. Une vis de réglage G permet de
tourner d'un petit angle le polariscope A, afin
de mettre l'appareil au zéro.

L'observateur, posant l'œil contre la lunette
A, doit chercher, en poussant ou en tirant
l'oculaire, à voir nettement l'image de la croix
(*fig.* 6) que projettent sur le champ de vision
les fils croisés placés derrière le Nicol. Le support F étant articulé, on peut déplacer l'appareil
dans un sens ou dans un autre, afin de le di-
riger exactement vers la partie la plus lumineuse
du brûleur. Si l'index est au zéro du cercle
gradué, le champ doit paraître uniformément
jaune plus ou moins clair. Si l'on tourne
l'analyseur à droite (ou à gauche) on aperçoit
aussitôt les franges d'interférences qui sont
d'abord très pâles, augmentant peu à peu d'intensité (*fig.* 7) pour devenir enfin, vers 45°, très
noires (*fig.* 8). Si l'on continue à tourner dans
le même sens, les mêmes phénomènes se repro-
duisent, mais en sens inverse, c'est-à-dire que
les franges pâlissent peu à peu pour disparaître
entièrement vers 90°.

L'appareil étant au zéro, si l'on y place un
tube contenant une solution active, les franges

apparaissent immédiatement et il faut tourner N d'un certain angle pour les faire disparaître. On lit ensuite sur le cercle gradué K, en regardant par la lunette B et le tube p, l'angle de rotation.

Avec des liquides un peu colorés, il arrive souvent que l'on n'obtient la disparition complète des franges que dans le milieu du champ de vision (*fig.* 9), tandis qu'il en reste un peu sur les côtés. Cependant ce point peut être observé avec une grande précision, grâce au croisement de deux réticules.

Le polaristrobomètre de Wild, construit par MM. Pfister et Streit de Berne, porte sur le cercle gradué deux échelles, l'une divisée en degrés d'arc et l'autre spécialement pour les matières sucrées, indiquant les grammes de saccharose par litre, l'observation étant faite dans un tube de 200 millimètres de longueur.

19. Polarimètres à pénombre. — Ces appareils ne présentent plus à l'œil des franges ou bandes, mais deux intensités sensiblement différentes, d'une seule et même couleur. Ces variations d'intensité des deux moitiés du champ lumineux sont très rapides pour de très petits changements angulaires de l'analyseur,

ce qui permet de saisir avec plus d'exactitude
le point de l'égalité et, par conséquent, l'angle
exact dont la matière active a fait dévier le
plan de la lumière polarisée.

Il existe un certain nombre de ces appareils
dont nous ne décrirons que les plus usités.

20. Polarimètre Duboscq. — Le principe
de ce polarimètre repose sur l'emploi du prisme
de Jellet, perfectionné par Cornu et Duboscq,

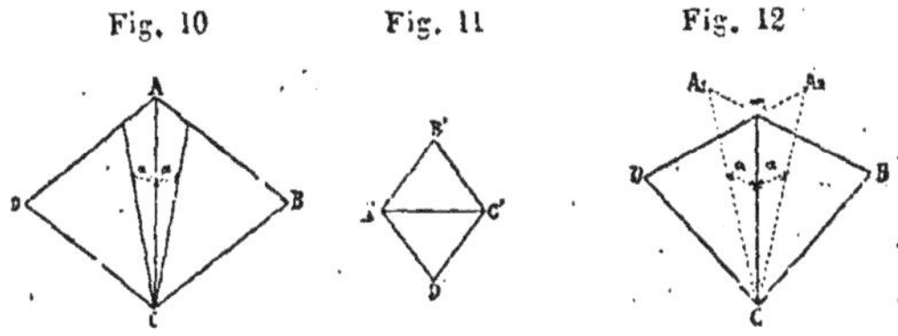

comme polariseur. Celui-ci est un prisme de
Nicol modifié de la façon suivante (*fig.* 10) :

Soit ABCD (*fig.* 11) la base d'un prisme de
Nicol, dont AC est la section principale.

Le polariseur est coupé par deux plans parallèles à ses arêtes et menés, suivant deux
droites CE et CF, faisant l'une et l'autre un angle
$2\alpha'$ et ayant AC pour bissectrice. En pratiquet on
prend $\alpha = 2°30'$. On enlève le coin ECF compris
entre ces deux plans, et les deux portions de

prisme CDF et CBE sont ensuite recollés suivant les faces CE et CF, qui viennent coïncider en Cm. On se trouve alors avoir constitué un nouveau prisme, ayant pour base CBmD. La portion CBm de ce prisme a pour section principale un plan passant par la ligne théorique CA$_1$, tandis que la section principale de CDm passe de même par CA$_3$, CA$_1$ et CA$_2$ faisant avec Cm des angles égaux (*fig.* 12).

Fig. 13

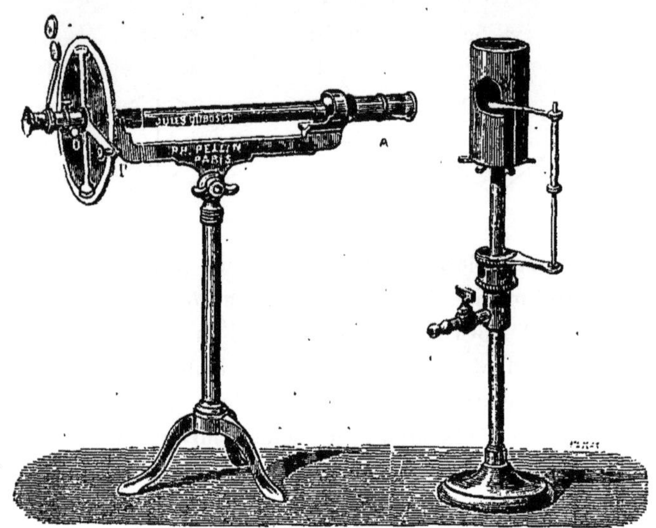

Si alors on tourne l'analyseur dans un sens

ou dans l'autre de façon à ce que sa section principale devienne normale aux lignes fictives CA_1 ou CA_2, on a une extinction complète de l'une ou de l'autre des moitiés du champ de vision (*fig.* 16 et 18).

Entre ces deux positions limites on aura, les sections principales n'étant ni perpendiculaires ni parallèles entre elles, ni obscurité ni clarté absolue, mais seulement extinction partielle (*fig.* 17). Quand la teinte sera la même pour chacune des portions du champ qui apparaissent séparées par la ligne Cm — ligne de jonction des deux prismes — il est évident que, par suite de l'égalité des angles d, la section principale de l'analyseur se trouvera alors être perpendiculaire à la ligne Cm, c'est-à-dire à la position qu'aurait la section principale du Nicol polariseur, si ce Nicol était resté complet. On a donc ainsi déterminé le plan de polarisation que donneraient deux nicols.

Si l'on veut connaître le pouvoir rotatoire d'une matière active, on fait d'abord l'expérience qui vient d'être décrite, puis on intercale cette matière entre les deux prismes. L'uniformité de la teinte, dans les deux moitiés du champ, est détruite, et l'angle dont il faut faire tourner l'analyseur pour la rétablir est l'angle de polarisation.

21. Emploi de l'appareil. — Dans cet
appareil, des deux tubes fixes, le premier,
c'est-à-dire celui qui est placé directement en
face de la source de lumière, contient le po.
lariseur spécial. Le second porte l'analyseur et
se termine par une lunette de Galilée, qui rend
la vision distincte.

L'analyseur placé au centre d'un plateau circulaire, vertical et gradué, est fixé sur une
alidade portant deux verniers (*fig.* 13).

Un pignon P, solidaire de l'alidade, s'engre-
nant dans une denture taillée sur la tranche du
plateau, sert à entraîner l'alidade et l'analyseur
dans un mouvement de rotation autour de l'axe
optique de l'instrument. Le plateau vertical
porte deux graduations. La première graduation est faite en degrés et demi-degrés d'arc ;
un vernier en donne les minutes. L'autre graduation indique les degrés saccharimétriques avec
un vernier donnant les dixièmes de degré ; la
lecture est facilitée par l'adjonction à l'appareil
d'une loupe mobile autour de l'axe du polarimètre.

On connaît le principe du vernier : l'espace
de neuf degrés de l'échelle est divisé sur le
vernier en dix parties égales, de sorte que
chaque degré du vernier est moins grand de $\frac{1}{10}$

que celui de l'échelle. On fait la lecture de manière que le zéro du vernier fournit les degrés
entiers et que tel trait du vernier, qui coïncide
avec une division de l'échelle, de manière à
présenter avec elle une ligne droite, indique

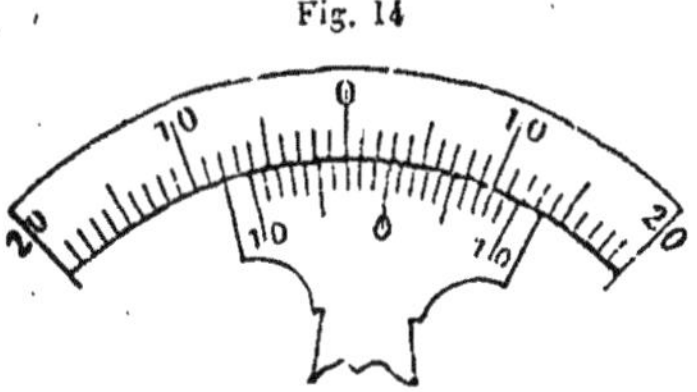
Fig. 14

le nombre de dixièmes de degré. Dans la position de la *fig.* 14, le zéro du vernier se trouve
déplacé à droite, entre 2° et 3° de façon que le
trait 8 du vernier coïncide avec un trait de
l'échelle, on lit alors 2°8.

22. Polarimètre Laurent. — C'est l'appareil
le plus répandu en France, à cause de sa grande
sensibilité.

Le polariseur de l'appareil Laurent est formé
d'un simple prisme de Nicol ou de Foucault,
placé de la sorte qu'il peut être tourné légèrement autour de son axe, afin de laisser passer
plus ou moins de lumière, suivant la coloration
du liquide à observer. La lumière monochroma-

tique, polarisée par ce prisme, passe ensuite à travers une plaque de verre, à moitié recouverte d'une lame mince de quartz qui partage le champ de vision en deux demi-cercles. C'est la pièce principale de l'appareil ; c'est elle, en effet, qui produit la pénombre.

La *fig.* 15 représente le diaphragme agrandi de la plaque recouverte à moitié par la lame de quartz dont l'axe est parallèle à la ligne de séparation OA ; l'autre moitié, nue, laisse passer, sans le dévier, le rayon polarisé par le prisme biréfringent.

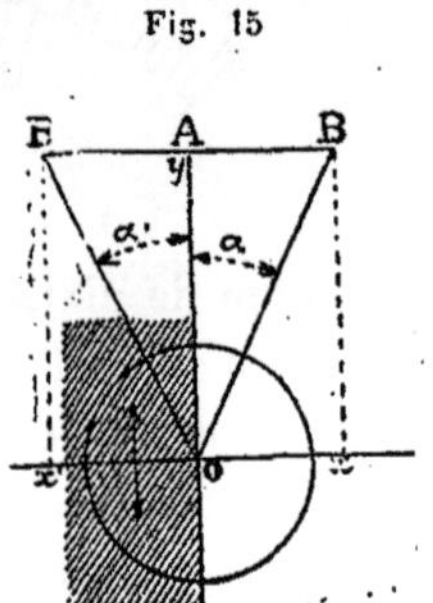

Fig. 15

Supposons d'abord le plan de polarisation parallèle à OA. Si on le laisse fixe et qu'on tourne le polariseur de l'instrument, on passera progressivement de l'extinction totale au maximum de lumière, et les deux moitiés du champ de vision resteront toujours égales l'une à l'autre en intensité, exactement comme si la lame de quartz n'existait pas. Cette lame étant fixe, admettons maintenant qu'on fasse tourner le nicol polariseur afin que sa section principale vienne en OB, en faisant avec la ligne de séparation OA, c'est-à-dire avec l'axe du quartz dont est faite la lame, un angle quelconque, α. Soit alors une vibration s'accomplissant dans un plan représenté par sa trace OB. Cette vibration que nous représentons en longueur par OB peut se décomposer en deux autres, l'une Oy, parallèle à l'axe OA de la lame, et l'autre Ox, perpendiculaire. Elle passera sans déviation du côté droit, mais du côté gauche elle sera déviée par la lame. L'ordonnée Oy, étant parallèle à l'axe du quartz, ne changera pas de signe, mais l'abscisse Ox, qui lui est perpendiculaire, changera de signe et viendra en Ox' à 180 degrés, la lame ayant une épaisseur d'une demi-onde ; de sorte que, du côté gauche, la vibration résultante se fera en OB', en faisant avec l'axe OA un angle x' symétrique et égal à x.

Cette lame a donc pour objet de déterminer, du côté gauche, une section principale OB' placée, par rapport à la ligne de séparation OA, symétriquement à la section principale OB, du côté droit.

Si on laisse le polariseur fixe dans cette position, et qu'on tourne l'analyseur de manière à rendre sa section principale SP, perpendiculaire à OB, il y aura extinction totale par le côté droit, mais partielle par le côté gauche (c) ; en tournant l'analyseur dans le sens contraire, on

Fig. 16   Fig. 17   Fig. 18

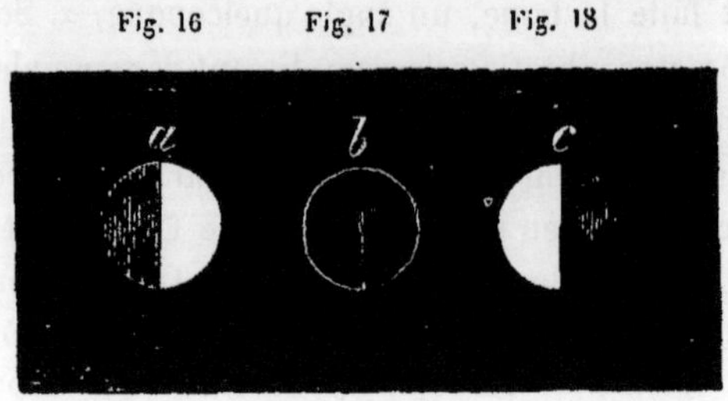

aura le même phénomène en sens inverse (*fig.* 16, 17 et 18).

Le polariseur Laurent permet donc de faire varier, à volonté, l'angle des sections principales de chacune des deux moitiés du diaphragme, ce qui amène une variation dans l'intensité de la lumière. La sensibilité augmente avec la diminution de cet angle, elle est donc en proportion inverse avec l'intensité lumineuse. Le côté pratique de cette disposition optique se fait sentir particulièrement lorsqu'on a à polariser des liquides plus ou moins colorés.

Le polarimètre Laurent est représenté par la *fig.* 19, accompagné de son brûleur spécial à flamme monochromatique.

Il se compose de :

A, flammes monochromatiques jaunes; leur

milieu ést placé à 20 centimètres de B.

B, lentille éclairante, vissée sur le tube I.

I, tube noirci, porte la lentille B et vissé sur E.

E, barillet, portant un diaphragme à petit trou, dans lequel se place une bonnette contenant un cristal de bichromate de potasse, afin d'absorber les rayons étrangers. Quand les liquides sont jaunes (mais limpides), on peut ôter le bicromate. Il ne sert que lorsque les liquides sont incolores.

R, tube portant le levier B ; il entre dans E et porte un tube renfermant le polarisateur et une lentille qui se dévisse.

P, tube fixé sur la règle L.

D, diaphragme recouvert sur une moitié par une plaque de quartz décrite plus haut, que l'on vise avec la lunette de Galilée OH.

K, levier fixé sur le tube polarisateur R et rendu mobile par la manivelle J, fixée sur la tige X.

U, levier fixé sur X, fait tourner le polariseur par l'intermédiaire de J et K, afin de donner plus ou moins de lumière. Si le liquide est peu coloré, le levier est levé jusqu'à l'arrêt. S'il est coloré, on baisse plus ou moins ce levier.

L, règle en bronze en forme de V de 60 centimètres de longueur, rabotée et alézée.

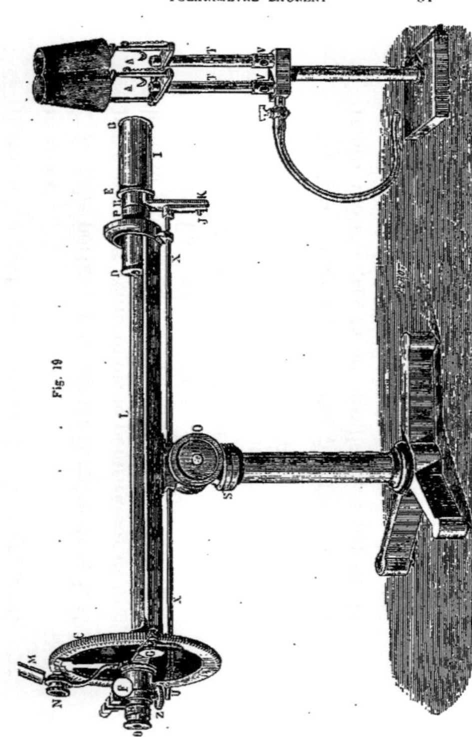

Fig. 19

C, cadran portant les divisions et l'alidade.

M, miroir renvoyant la lumière du bec sur les divisions.

H, tube oculaire, entre dans celui qui porte l'alidade. Il possède un mouvement angulaire.

F, bouton de réglage, pour établir l'égalité de tous, lorsque le zéro du vernier coïncide avec celui de la division correspondante, il pousse le tube H, et un fort ressort antagoniste le ramène.

O, bonnette du tube oculaire, mobile dans H, sert à mettre au point.

Le cadran porte deux échelles concentriques, l'une divisée en degrés d'arc et l'autre en centièmes de sucre, comme dans le polarimètre Duboscq.

23. Polarimètre de Lippich. — Cet appareil nouveau, presque inconnu en France, malgré ses remarquables qualités, est également à pénombre. Comme celui décrit précédemment, l'appareil de Lippich permet la variation de l'intensité lumineuse; de plus, il permet d'employer toute lumière monochromatique correspondante à n'importe quelle raie du spectre, tandis que l'appareil Laurent exige la lumière du sodium.

M. le Dr Lippich a exposé longuement la

théorie de son polarimètre, qu'il serait impossible de reproduire dans un aide-mémoire.

Fig. 20

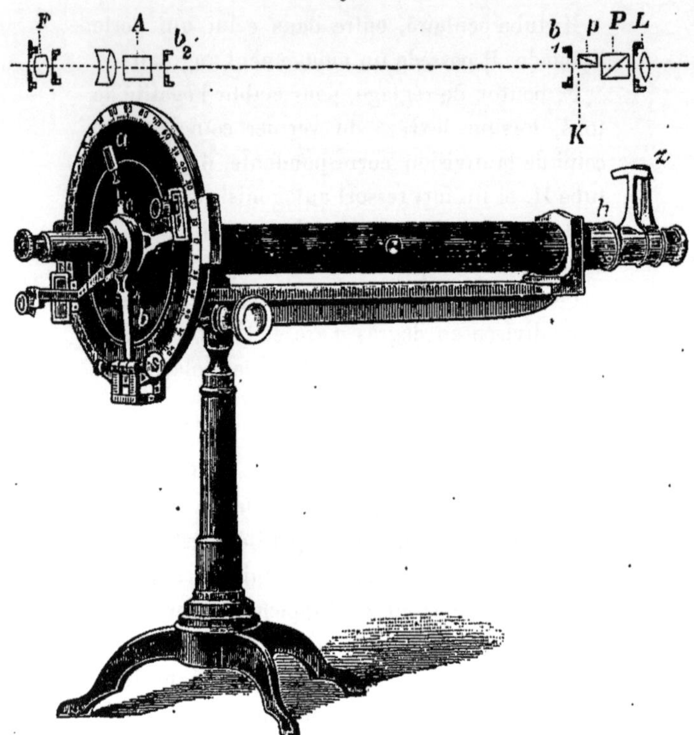

La *fig.* 20 représente l'instrument construit par M. *Rothe* de *Prague*. Son aspect extérieur ressemble à celui du polarimètre Laurent, mais il en diffère dans sa partie optique.

Le polariscope se compose de deux prismes de Glan P et p, rectangulaires, dont le plus petit p, est disposé de façon à couvrir exactement la moitié de la surface de P, comme on le voit sur la *fig*. 20. En regardant par la lunette F, le champ de vision apparaît divisé en deux demi-lunes par un réticule qui n'est autre chose que le coin très net K du prisme p. Celui-ci est fixe, tandis que le prisme P peut tourner légèrement autour de son axe, de sorte que les sections de P et p forment un angle plus ou moins grand produisant la pénombre. Au moyen de h et l'index z, on fixe cet angle. Les rayons lumineux émanant d'une lampe monochromatique quelconque, passent par une lentille convergente, par les prismes P et p, traversent le tube contenant la solution active et arrivent ensuite dans le prisme analyseur A, également prisme de glan, que l'on fait tourner autour de son axe au moyen d'une alidade faisant le tour d'un limbe gradué en degré d'arc. Un vernier permet la lecture de $0°005$, correspondant à la sensibilité de l'instrument pour l'emploi de la lumière de sodium et l'intensité lumineuse moyenne, l'index z étant au trait $4°$ environ.

24. Polaristrobomètre Landolt. — L'appareil proposé par M. le Dr *Landolt* construit par MM. *Schmidt et Haensch* diffère totalement, dans sa construction extérieure, des polarimètres précédemment décrits. Il est représenté par la *fig.* 21.

Deux plaques en fonte A,A,découpées de façon à former deux pieds à leur partie inférieure, sont reliées par quatre barres horizontales B,B en laiton nickelé, et forment ainsi un support solide et pesant, d'une longueur de 55 centimètres, dont les pieds sont vissés sur une planche très épaisse. L'une des deux plaques A, A sert à maintenir le polariseur C et l'autre porte le cadran divisé F avec l'analyseur. Entre ces deux plaques on peut placer deux tubes à polariser N et le support spécial KL qui reçoit les tubes se déplace horizontalement, au moyen d'un levier M, de façon à placer l'un ou l'autre de ces tubes dans l'axe optique de l'appareil. Les tubes N, qui peuvent atteindre une longueur de 45 centimètres, sont de construction habituelle et munis d'une double enveloppe permettant d'y faire circuler un liquide ayant une température déterminée. Ce dernier entre et sort par les tubulures O,O ; l'ouverture P sert à l'introduction d'un thermomètre.

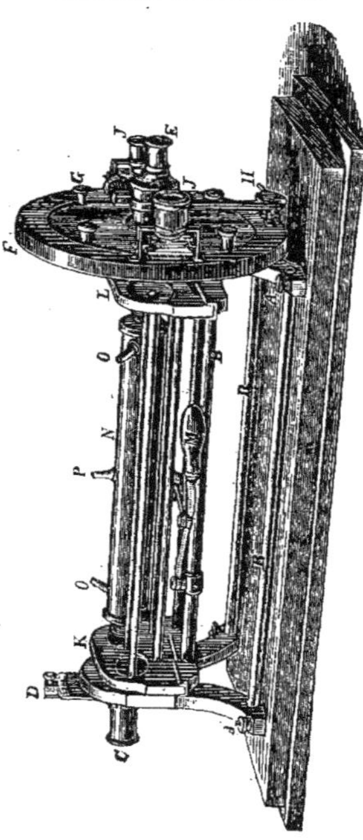
Fig. 21

La lumière traverse le diaphragme C (contenant au besoin une plaque de bichromate de
potasse), pénètre dans une lentille convexe ayant
une distance focale de 5o millimètres, et ensuite
dans le polariscope de Lippich, décrit précédemment, composé de deux prismes de Glan dont
l'un couvre exactement la moitié de la surface
de l'autre.

L'analyseur est également un prisme de Glan
dont l'enveloppe est fixée au cadran tournant.
Ce cadran a un diamètre de 25 centimètres et se
trouve enfermé hermétiquement dans une boîte
métallique F à l'abri des vapeurs. Deux ouvertures recouvertes de plaques transparentes se
trouvent à l'endroit des verniers. Des glaces
placées derrière ces ouvertures éclairent les divisions. Le cadran est divisé en degré d'arc et en
dixièmes de degré, le vernier en donne les centièmes. M. Landolt estime que cette division est
plus commode que les minutes, etc. Une disposition mécanique spéciale permet en outre
de tourner très rapidement le prisme analyseur.

Quand on fait usage de la lumière de sodium,
on place devant la source lumineuse une cuve à
faces parallèles contenant une dissolution
aqueuse de bichromate de potasse, afin d'absorber les rayons bleus et verts.

25. Tubes de polarisation. — Pour polariser des liquides on fait usage de tubes fermés des deux côtés par des glaces à faces parallèles, maintenues par des bonnets à vis ou à ressorts. Ces tubes sont de 200, 400 ou 500 millimètres de longueur, ils sont en cristal entouré d'un manchon de laiton, ou en ce métal simplement. Il y en a également qui sont munis d'un manchon creux avec tubulures permettant le passage d'un liquide à température constante, dans le genre de celui du polarimètre Landolt, mentionné plus haut.

M. Scheibler ayant indiqué que le serrage des obturateurs peut provoquer des phénomènes de polarisation, il est préférable d'employer les tubes à ressorts et à baïonnettes, système Laurent, ou les tubes à chapeaux formant ressorts, système Landolt.

La mesure des tubes doit être établie au moins à $0^{mm},05$ près, dont on fait la vérification au moyen d'un comparateur à vis micrométrique.

CHAPITRE IV

—

LES SACCHARIMÈTRES

26. Saccharimètres à lumière jaune. —
On désigne sous le nom de *saccharimètres* tous
les instruments de polarisation disposés spécialement pour le dosage du sucre de canne. Il
s'ensuit que tous les instruments décrits dans
le chapitre précédent peuvent servir de saccharimètres si l'on ajoute sur leur disque gradué
une échelle spéciale divisée en centièmes de
sucre. C'est le cas des polarimètres Wild, Duboscq, Laurent, etc., on les appelle des saccharimètres *à lumière monochromatique*.

Mais il y a des instruments spéciaux, des
saccharimètres, servant uniquement aux essais
de matières sucrées et qui permettent l'emploi
de la lumière blanche ordinaire, ce qui est
beaucoup plus commode dans la pratique.

27. Compensateur-soleil. — Le principe des saccharimètres à lumière blanche n'est pas l'amplitude de la rotation du plan de polarisation, comme dans les polarimètres, mais la compensation, c'est-à-dire l'emploi d'une seconde substance active, agissant en sens inverse de celle qu'on veut analyser, et dont l'épaisseur peut varier jusqu'à ce que les actions contraires des deux substances se détruisent complètement ; en sorte qu'au lieu de mesurer la déviation du plan de polarisation, on mesure l'épaisseur à donner à la substance compensatrice, qui est une plaque de quartz, pour obtenir une compensation parfaite.

Le rayon lumineux polarisé dans le prisme polariseur, après avoir traversé la colonne de liquide active, rencontre d'abord une plaque de quartz à faces parallèles, dont nous verrons plus loin l'utilité. Immédiatement après vient le compensateur destiné à détruire la rotation de la colonne liquide. Il est formé de deux quartz, ayant la même rotation, soit à droite, soit à gauche, mais contraire à celle de la petite plaque. Ces deux quartz représentés en coupe dans la *fig.* 22 s'obtiennent en coupant obliquement une plaque de quartz à faces parallèles, et taillée perpendiculairement à son axe, de

manière à former deux prismes de même
angle N, N ; en juxtaposant ensuite ces deux
prismes, comme le représente la *fig.* 22, il en
résulte une seule plaque à
faces parallèles, qui offre l'a-
vantage de pouvoir varier
d'épaisseur. Pour cela, chaque
prisme est fixé à une cou-
lisse, de façon à pouvoir glisser dans un sens ou
dans l'autre, tout en conservant aux faces homo-
logues leur parallélisme. Ce mouvement s'obtient au moyen d'une double crémaillère et
d'un pignon qu'on tourne à l'aide d'un bouton.

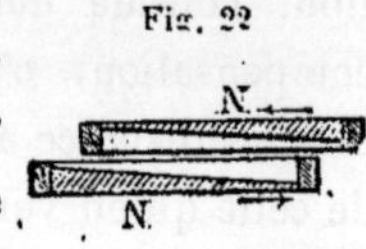
Fig. 22

Quand les lames se déplacent respectivement
dans le sens indiqué par les flèches (*fig.* 22), il
est évident que la somme de leurs épaisseurs
augmente, et qu'elle diminue quand les plaques
avancent dans le sens opposé. Une échelle et un
vernier suivent les plaques dans leur mouvement et servent à mesurer les variations d'épaisseur du compensateur.

Lorsque le vernier est au zéro de l'échelle, la
somme des épaisseurs des plaques N, N, est précisément égale à celle de la petite plaque, et
comme la rotation de cette dernière est contraire
à celle du compensateur, l'effet est nul. Mais si
l'on fait marcher, dans un sens ou dans l'autre,

les plaques du compensateur, celui-ci ou la petite plaque l'emporte, et il y a rotation à droite ou à gauche.

Le prisme analyseur, placé après le compensateur, est fixe et ne sert qu'à produire l'effet de la polarisation.

L'échelle adoptée par *Soleil,* conservée dans tous les saccharimètres français ,est établie de telle façon que le point de 100° correspond à la rotation produite par une lame de quartz taillée perpendiculairement à l'axe, ayant exactement un millimètre d'épaisseur, ce qui répond, suivant *Broch,* à l'angle de 21° 40′ (21), 67°.

Elle est divisée en 100 degrés dont le vernier donne les dixièmes.

28. Saccharimètre Soleil Wenzke Scheibler. — L'appareil primitif de Soleil, qui n'est plus employé en France, a reçu en *Allemagne* plusieurs perfectionnements qui se sont généralisés dans tous les saccharimètres.

D'abord, M. *Wenzke* a remplacé l'échelle française par une autre qui porte son nom et dont le point 100° correspond à la rotation produite, dans un tube de 20 centimètres de longueur, par une solution sucrée pure ayant, à 17°5 C., la densité de 1,100, l'eau distillée de la

même température étant prise comme unité.
Cette solution contient dans 100 centimètres

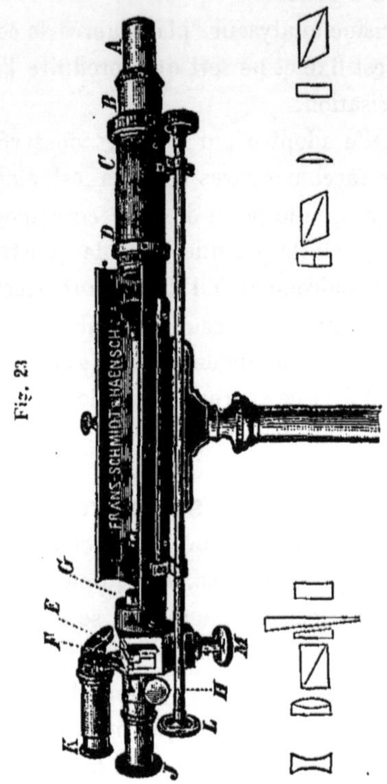

cubes exactement $26^{gr},048$ de sucre pur, et par
conséquent, chaque degré saccharimétrique

correspond à 0^{gr}, 26 048 de sucre pour 100 centimètres cubes de liquide essayé.

La *fig.* 23 représente cet instrument avec les perfectionnements apportés par M. *Scheibler.*

Au-dessus de la lunette dirigée vers le champ de vision, et parallèlement à l'axe de l'instrument est disposée la combinaison K renfermant une loupe et un miroir incliné sous l'angle de 45°. En regardant par K on voit donc, sans se déplacer, ou sans incliner l'instrument pour apercevoir l'échelle en EF, l'image de cette échelle dans le miroir, ce qui facilite beaucoup l'observation.

Ensuite les coins de quartz formant le compensateur ne sont plus mobiles tous deux, mais seulement l'un d'eux, celui qui porte l'échelle, tandis que le second (qui porte le vernier), plus court, reste dans sa position.

Enfin, le vernier adapté au coin fixe est muni d'une vis de précision, et peut être légèrement déplacé au moyen d'un bouton à appliquer à cette vis. L'ajustage du zéro de l'instrument, si essentiel, n'est donc plus qu'une question de réglage du vernier et ne touche en aucune façon aux parties principales optiques.

29. Saccharimètre à pénombre de Schmidt et Haensech. — Cet appareil, représenté par la *fig.* 24, diffère peu dans son aspect extérieur du saccharimètre Soleil-Wenzke-

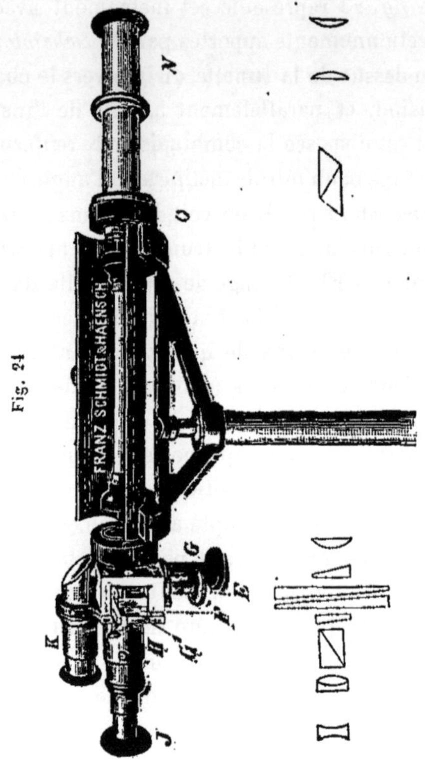

Scheibler qu'il commence à remplacer en Allemagne. Il est à pénombre, ayant comme polariseur un prisme Nicol-jumelle, système

Fig. 25

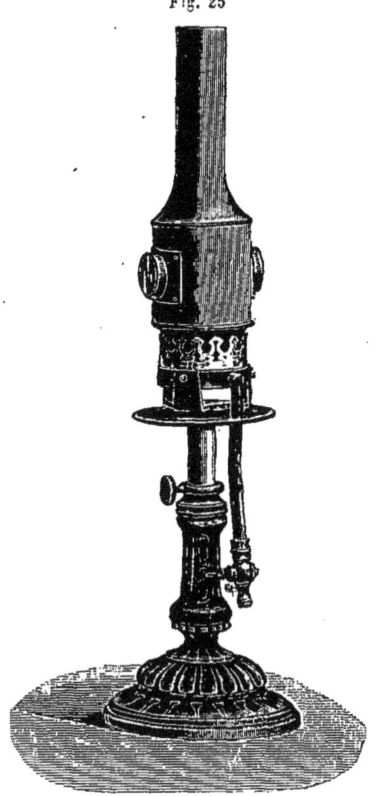

Jellet et Cornu, dont nous avons indiqué les détails dans la description du polarimètre Duboscq.

Cet instrument possède deux compensateurs, dont l'un est en quartz lévogyre et l'autre en quartz dextrogyre, ce qui facilite le contrôle des observations.

L'observation se fait comme avec les autres instruments, après avoir ajusté la lunette au point de voir nettement l'image du réticule au milieu du champ de vision. On arrête alors le mouvement du compensateur au moment où les deux demi-disques sont à égale intensité de pénombre ou de clarté, ou mieux encore au moment où un trait d'ombre semble passer juste au milieu du champ de vision. De cette dernière façon, on évite une certaine coloration faible, bleue ou rouge, qui se présente quelquefois avec des solutions pures, au lieu de la teinte ambrée du disque.

Tout récemment les constructeurs ont introduit dans l'oculaire J de l'appareil, un diaphragme contenant un cristal de bichromate de potasse destiné à rendre le champ de vision d'une couleur jaune-orange bien homogène. Pour des solutions colorées, cet oculaire jaune est remplacé par un oculaire ordinaire sans couleur.

La *fig.* 25 représente la lampe employée. Elle se compose d'un ou plusieurs becs donnant des flammes plates parallèles, qu'on peut fixer à différentes hauteurs à l'aide d'une douille et d'une vis de pression, sur une tige en laiton, fixée elle-même sur un pied lesté de plomb. Le support porte, outre le bec à gaz, une pièce annulaire en laiton sur laquelle s'emboîte un manchon en métal qui enveloppe la flamme. Ce manchon, percé d'un trou circulaire, en regard duquel se place le saccharimètre, a pour but de refléter les rayons lumineux dans l'axe de l'appareil tout en s'opposant à une déperdition inutile de la lumière. Cette lampe se réunit, à l'aide d'un tuyau en caoutchouc, à la conduite du gaz d'éclairage.

30. Saccharimètre Laurent à la lumière ordinaire. — Le saccharimètre à lumière ordinaire diffère, comme aspect extérieur, de celui à lumière jaune du même constructeur en ce que le cadran divisé et son alidade sont remplacés par un compensateur Soleil perfectionné, à lames prismatiques de quartz, représenté par la *fig.* 26. Le cadran C n'est pas divisé, il sert d'écran et de support au levier U. L'une des lames porte une règle divisée R, l'autre sert au vernier V. On regarde les divisions avec la loupe N ; elles sont éclairées par le miroir M. Le reste de l'appareil, règle en

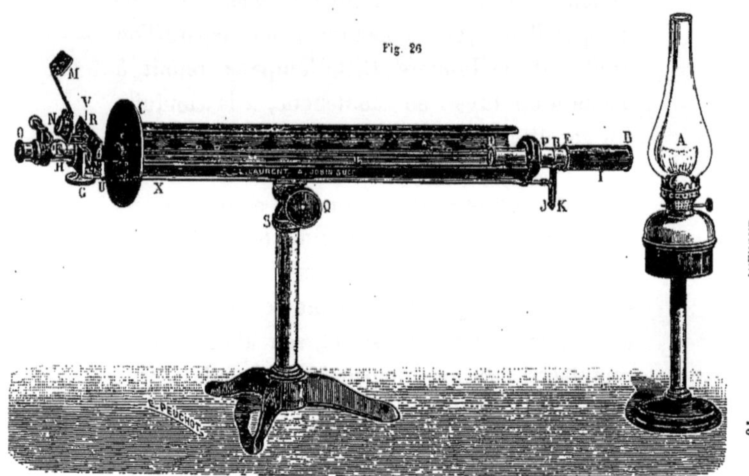

Fig. 26
M
V
R
C
N
O
H
G
U
X
S
Q
P E
B
T
J K
A
L. LAURENT   A. JOBIN Succr
E. PEUCHOT

bronze, colonne, polariseur, est pareil à celui du polarimètre Laurent. Pour le brûleur, une flamme plate de pétrole, employée dans le sens de la longueur, produit une lumière plus intense qu'un bec rond. On place toujours le milieu de la flamme à $0^m,20$ de l'appareil.

Cet appareil est à pénombre ; quand on regarde à l'oculaire, l'image a la même apparence et la même teinte, gris orangé, que dans le polarimètre à cadran divisé, mais avec plus de lumière.

La manipulation de l'instrument est à peu près la même que celle décrite plus haut. Les divisions du cadran C et de l'alidade (*fig.* 19) sont remplacées par les divisions rectilignes de la règle R et du vernier V (*fig.* 26). La division R est en centièmes de sucre, elle va de o à 110 et donne les pouvoirs rotatoires droits. C'est l'échelle française correspondant à la rotation produite par une plaque de quartz de 1 millimètre d'épaisseur.

Pour régler l'appareil au zéro, on commence par mettre le zéro du vernier V en face du zéro de la règle R, en regardant à travers de la loupe N (mise au point) et en tournant le bouton G' ; puis on regarde en O (mis au point) ou établit l'égalité de tons, en tournant le bouton F.

31. Saccharimètres Puydt, Peters, etc.

— Tout récemment, on a construit quelques instruments nouveaux, à compensateurs, en faisant usage du *polariscope de Lippich*, décrit plus haut, comme prisme polariseur. Ces appareils, tout récents, sont, assurément, fort intéressants au point de vue pratique ; mais leurs parties optiques ne présentent rien de nouveau.

32. Appareils de polarisation à triples champs.

— Au premier Congrès international de chimie appliquée (Bruxelles-Anvers, 4-11 août 1894), MM. *Schmidt* et *Haensch* ont exposé un saccharimètre dont le champ de vision, au lieu de présenter à l'œil de l'observateur deux demi-lunes, présentaient trois bandes d'égale largeur dont celle du milieu variait d'intensité lumineuse avec les deux bandes extérieures. Ce phénomène fut obtenu par M. Lippich en modifiant son polariscope (*fig.* 20) de telle sorte qu'à la place du petit prisme de Glan, couvrant la moitié du grand prisme, il en a placé deux petits prismes couvrant chacun un tiers environ du grand prisme, en laissant un vide dans le milieu. Il en résulte que les rayons lumineux traversant le champ de vision limité par le diaphragme se divisent en trois parties corres-

pondant aux trois bandes, ceux du milieu qui
n'ont traversé que le grand prisme polariseur,
ceux des deux côtés qui ont passé par le grand
et l'un des petits prismes correspondants.

Cette disposition augmente beaucoup la sensibilité de l'appareil.

M. Jobin, le successeur de M. Laurent, a
réalisé le même phénomène avec le diaphragme
du polariscope Laurent, en disposant deux lames
demi-ondes, de manière à couvrir les deux bords
du champ, laissant dans le milieu une bande
non couverte. Les rayons polarisés se divisent
alors en trois parties : ceux du milieu ont simplement traversé le prisme biréfringent, ceux de
droite et de gauche ayant rencontré sur leur
chemin une matière active, l'une des lames de
quartz, ont éprouvé une petite déviation.

33. Contrôle de l'échelle saccharimé-
trique. — Dans les appareils à cadran, tels que
les saccharimètres à lumière monochromatique
de Jules Duboscq et de Laurent, la division en
centièmes de sucre étant en rapport avec la division en degrés d'arc, la vérification de la première est très facile. Mais dans les saccharimètres à compensateurs, l'échelle étant disposée
en ligne droite, il se peut qu'un point quelconque

ne soit pas tout à fait juste. Les constructeurs
déterminent le zéro et le point 100 de l'échelle
au moyen d'une lame de quartz ayant une
déviation connue, divisent la distance intermédiaire en 100 parties égales et vérifient quelques
points intermédiaires au moyen de lames de
de quartz de déviation moindre et déterminée.

On peut vérifier facilement, au moyen d'une

Fig. 27

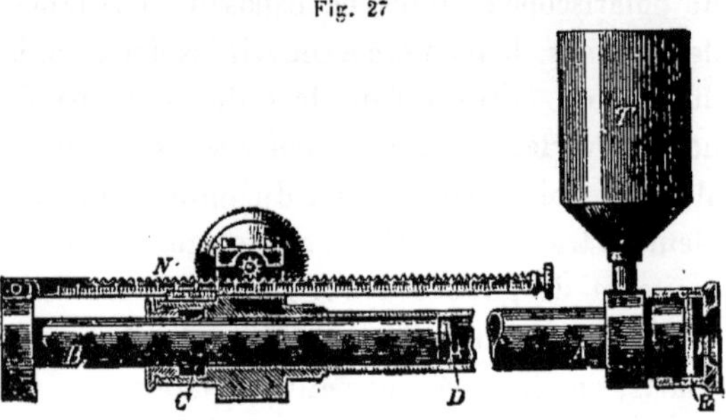

solution de sucre pur, un ou plusieurs points de
l'échelle, mais il n'est pas commode de faire
cette vérification sur toute l'étendue de l'échelle.
Pour remédier à cet inconvénient, MM. Schmidt
et Haensch ont construit un tube de contrôle à
longueur variable, qui permet de contrôler l'é-
chelle saccharimétrique sur n'importe quel point.

Ce tube de contrôle (*fig.* 27) se compose du
tube A dont l'extrémité E est fermée par un

obturateur, un anneau en caoutchouc et une
bonnette. A l'intérieur du tube A se trouve un ,
autre tube B, fermé en D également par un
obturateur en verre. Le tube B fermé entre très
exactement dans le tube A ; il est maintenu, de
plus, par l'anneau C en cuir dans la position
horizontale, afin d'éviter une position oblique
de l'obturateur D. Son mouvement, et, par
suite, la longueur de la couche de liquide enfermé dans le tube A est réglé par une crémaillère N, dont le déplacement est indiqué à
$\frac{1}{10}$ de millimètre près. Le liquide chassé par l'en-
trée du tube B remonte dans l'entonnoir T.

Pour vérifier l'échelle graduée d'un secchari-
mètre, on place dans ce dernier le tube de contrôle rempli d'une solution sucrée titrant 100°,
et l'on regarde dans l'appareil ; on tourne le bouton pour amener le champ de vision en parfaite
égalité de tons, on observe les degrés secchari-
métriques en même temps que la division de
l'échelle du tube de contrôle. Comme la rotation
d'une solution sucrée est directement proportionnelle à la longueur de la couche liquide que
traverse le rayon polarisé, le nombre de millimètres lu sur le tube de contrôle doit être égal
au double degré saccharimétrique, le point 100°

de ce dernier correspondant à un tube de 200 millimètres de longueur.

En tournant ensuite la crémaillère H, c'est-à-dire en changeant la longueur du tube de contrôle et en regardant de nouveau dans le saccharimètre, on fixera un point de l'échelle, et ainsi de suite.

34. La base de l'échelle saccharimétrique. — Les deux créateurs de la saccharimétrie optique, MM. Soleil et Clerget, ont pris pour base de l'échelle saccharimétrique, non un poids déterminé de sucre dissous dans un volume connu d'eau, mais une lame de quartz dextrogyre taillée perpendiculairement à son axe et mesurant exactement un millimètre d'épaisseur. Cela s'explique par le fait que dans le saccharimètre Soleil, respectivement dans tout saccharimètre à compensateur, la déviation est mesurée par les épaisseurs des deux coins de quartz, dont la somme varie avec les déplacements de ces coins. En d'autres termes, l'appareil étant réglé au zéro, une lame de quartz dextrogyre de 1 millimètre d'épaisseur y produira une déviation de 100°; c'est donc l'angle de rotation de cette lame de quartz (21°40′) qui est divisé en 100 parties égales. D'après des essais anciens, le point 100 correspond à la déviation d'une solution sucrée contenant 16^{gr},35 de sucre pur dans 100 centimètres cubes. Mais ce chiffre a été modifié en 1875 par MM. de Luynes et Aimé Girard,qui ont déduit de leurs nombreux essais le poids normal de 16^{gr},19, qui est, jusqu'à nouvel ordre, le chiffre officiel, servant de base aux analyses tant administratives que commerciales.

Ce poids normal est déduit de la valeur $[\alpha]_D = 67^{o}\,18'$, pouvoir rotatoire du sucre de cannes d'après ces savants. Quelques chimistes, notamment MM. Courtonne, Kauders, Nasini et Villavecchia, partant des déterminations plus récentes de MM. Schmitz, Tollens, Landolt et autres, ont proposé le chiffre de 16^{gr},30 comme poids normal pour les saccharimètres français.

Ce qui a comblé la confusion dans cette question, c'est la divergence dans l'unité du volume. MM. de Luynes et Girard ont proposé le poids normal de 16^{gr},19, probablement pour 100 centimètres cubes du système métrique, tandis que pour 100 centimètres cubes du jaugeage de Mohr, le chiffre sera forcément plus élevé.

35. Unité de volume. — Le *litre métrique*, c'est-à-dire le vrai litre, est le volume de 1 kilogramme d'eau distillée de $4°$ C. pesé dans le vide. En pratique, on pèse dans l'air avec des poids de laiton, à une température plus élevée. En tenant compte de toutes les corrections nécessaires, un litre d'eau distillée de $15°$ C. pèse dans l'air avec des poids en laiton $998^{gr},08$, ou à $17°,5$ C. $997^{gr},68$. Le *litre de Mohr* ou *litre apparent*, en usage en Allemagne, contient à $17°5$ C. un kilogramme d'eau. Ce dernier contient donc $1002^{cm^3},32$, au lieu de 1000. De même, le vrai litre ne contient que $997^{cm^3},68$ du jaugeage de Mohr.

Ce système, qui n'a rien de scientifique, tend à céder la place, même en Allemagne, au litre métrique, surtout depuis la décision prise par le premier Congrès International de Chimie appliquée (Bruxelles, août 1894), à la suite d'un rapport présenté par M. F. Dupont.

36. L'échelle de Wenzke. — Nous avons vu plus haut que l'échelle allemande, établie par Wenzke, a pour point de départ une solution de sucre pur, ayant à $17°,5$ C. la densité de $1,100$, l'unité étant la densité de l'eau distillée de la même température. Cette solution donnant $100°$ au saccharimètre, contient $26^{gr},048$ de sucre dans 100 centimètres cubes, jaugeage de Mohr. Cette base toute empirique, ainsi que le

poids normal de 26^{gr},048, est tout à fait incom·
mode, ont été conservés jusqu'à présent par une
sorte de routine, malgré les efforts de quelques
savants qui ont tenté de les remplacer par
quelque chose de plus scientifique.

En substituant le jaugeage métrique à celui
de Mohr, le poids normal devient 25^{gr},999 ou
26 grammes en chiffres ronds (Landolt).

D'après M. Rimbach, chaque degré de
l'échelle Wenzke (observé à la lumière ordinaire), équivaut à 0°,344, angle observé à la
lumière salée.

37. Table des poids normaux. — Afin
d'éviter la confusion et de permettre aux chimistes l'emploi du saccharimètre à compensateur
et à la lumière ordinaire pour l'étude de diverses
matières actives dont le rapport $[\alpha_J]_D$: $[\alpha]_j$
est identique à celui du quartz, c'est-à-dire
de 1 : 1,13, nous avons établi la table des
poids normaux ci-dessous. Pour l'échelle française, nous avons établi deux colonnes, l'une
correspondant au poids normal officiel, établi
par MM. *de Luynes* et *Girard*, et l'autre, au
poids normal corrigé selon les publications récentes sur le pouvoir rotatoire spécifique du
sucre de canne.

POIDS NORMAUX POUR LES SACCHARIMÈTRES

Substance	Pouvoir rotatoire spécifique	Français (A)		Français (B)		Allemands		Sucre de canne pris comme unité
		Selon MM. de Luynes et Girard		Nouvelle formule		Échelle Wenzke		
		Jaugeage métrique	Jaugeage Mohr	Jaugeage métrique	Jaugeage Morh	Jaugcage métrique	Jaugeage Morh	
	grammes	grammes	grammes	grammes	grammes	grammes	grammes	grammes
Sucre de canne.	$+ 66^o,51$	16,19	16,23	16,26	16,30	26,000	26,048	1
Glucose (dextrose).	52, 74	20,40	20,45	20,49	20,54	32.765	32,820	1,26
Lactose (sucre de lait)	52, 53	20,51	20,56	20,60	20,65	32,970	33,025	1,267
Maltose	138, 30	7,78	7,80	7,82	7,84	12.510	12,520	0,4808
Amidon soluble et dextrine . . .	194, 80	5,50	5,51	5,52	5,53	8,835	8,850	0,3414

Les poids normaux respectifs sont indiqués aussi bien pour les 100 centimètres cubes métriques que pour le jaugeage de Mohr, (voir le tableau de la p. 89).

38. Proposition d'une échelle saccharimétrique uniforme.

— Nous avons vu plus haut que les échelles saccharimétriques, aussi bien la française que l'allemande, n'ont nullement pour point de départ l'unité de sucre. Il s'ensuit que les poids normaux représentent des chiffres arbitraires entraînant la confusion et nécessitant des tables.

Il nous semble qu'il aurait été plus rationnel de remplacer ces échelles arbitraires par une *échelle nouvelle*, réellement saccharimétrique, dont le point 100 serait déterminé par la rotation produite dans un tube de 20 centimètres de longueur par une solution sucrée contenant par litre 200 grammes de sucre pur, soit un poids normal de 20 grammes de sucre pour 100 centimètres cubes jaugeage métrique. On restera ainsi dans les unités métriques :

$$Volume\ du\ liquide\ .\ .\ .\ .\ .\ .\ .\ 1\ litre$$
$$Poids\ de\ la\ matière\ .\ .\ .\ .\ .\ .\ 0^{kg},200$$
$$Longueur\ du\ tube.\ .\ .\ .\ .\ .\ .\ 0^{m},200$$

La solution contenant 20 grammes de sucre

pur dans 100 centimètres cubes de liquide, a
une densité de 1.0762 et renferme, par conséquent, 18,60 $\%$ du poids. Le pouvoir rotatoire
spécifique $[\alpha]_D$ de cette solution serait

de 66,510 *d'après Tollens et Schmitz*
ou de 66,507 *d'après Nasini et Villavecchia*,

d'où $\alpha = 26,60°$ (ou $26°36'$) pour un tube de
20 centimètres de longueur.

Il serait donc très facile d'établir cette nouvelle échelle saccharimétrique en divisant par
100 un angle de $26°36'$. Une plaque de quartz
ayant exactement $\frac{26,60°}{21,67°} = 1,227$ millimètres
d'épaisseur, produira la même rotation.

Chaque degré de celtte échelle correspondrait à

Sucre de canne.	0^{gr},20
Glucose	0, 252
Lactose.	0, 2534
Maltose.	0, 09616
Dextrine ou amidon	0, 06828.

DEUXIÈME PARTIE

CHAPITRE V

—

DOSAGE OPTIQUE DU SUCRE DE CANNE

39. Observations générales. — Les matières et produits des sucreries de canne et de betteraves renferment rarement d'autres sucres que le saccharose ; c'est donc ce dernier seul qu'il s'agit de doser par le saccharimètre. Les autres matières optiquement actives qui se trouvent parfois dans le jus de betteraves ou de cannes, sont généralement précipitées par le *sous-acétate de plomb*, réactif employé pour la clarification du liquide à polariser.

Dans certains cas spéciaux, on fait usage d'un procédé particulier, décrit plus loin, pour tenir compte de la présence éventuelle de *sucre inverti* ou celle de *raffinose*.

40. Essai des liquides. — Le dosage de sucre dans un liquide clair et limpide n'exige aucune préparation préalable. Avec le liquide à essayer on remplit un tube saccharimétrique de 200 millimètres de longueur, préalablement rincé avec le même liquide, que l'on ferme soigneusement avec son obturateur, en faisant glisser la petite glace sur les bords rodés du tube, afin d'éviter les bulles d'air. On fait l'observation optique, on multiplie les degrés lus sur l'échelle saccharimétrique par le centième du poids normal de l'instrument, soit 0,1619 pour les instruments français respectivement, 0,26048 pour les instruments allemands, et l'on obtient le sucre pour 100 centimètres cubes du liquide.

La table des p. 954 et 964 supprime les calculs, elle tient compte également de la variation du pouvoir rotatoire du saccharose.

Dans la plupart des cas, cependant, le liquide à essayer est trop coloré, parfois même trouble, pour être observé directement. On fait alors usage d'un flacon à deux traits, jaugé à $100\text{-}110^{\text{cm}^3}$ (*fig.* 28), qu'on remplit jusqu'à 100 avec le liquide à essayer et l'on ajoute ensuite le réactif clarifiant jusqu'au trait de 110, l'on agite et l'on filtre. Le liquide filtré, clair, est examiné au

Table donnant le sucre de canne correspondant aux
degrés saccharimétriques, en tenant compte de la
variation du pouvoir rotatoire spécifique.

Degrés observés	Sucre p. 100 cm. cub.		Degrés observés	Sucre p. 100 cm. cub.	
	français	allemands		français	allemands
	grammes	grammes		grammes	grammes
1	0,1619	0,260	26	4,2032	6,756
2	0,3234	0,519	27	4,3649	7,016
3	0,4850	0,779	28	4,5266	7,276
4	0,6466	1,039	29	4,6883	7,536
5	0,8082	1,298	30	4,8500	7,796
6	0,9697	1,558	31	5,0118	8,056
7	1,1313	1,817	32	5,1736	8,316
8	1,2928	2,078	33	5,3354	8,577
9	1,4544	2,337	34	5,4972	8,837
10	1,6160	2,597	35	5,6590	9,097
11	1,7777	2,857	36	5,8208	9,357
12	1,9394	3,117	37	5,9826	9,618
13	2,1010	3,376	38	6,1444	9,878
14	2,2626	3,637	39	6,3042	10,138
15	2,4243	3,896	40	6,4680	10,398
16	2,5859	4,156	41	6,6299	10,659
17	2,7476	4,416	42	6,7917	10,949
18	2,9093	4,676	43	6,9536	11,180
19	3,0710	4,936	44	7,1158	11,440
20	3,2330	5,196	45	7,2775	11,701
21	3,3947	5,456	46	7,4394	11,961
22	3,5564	5,716	47	7,6013	12,222
23	3,7181	5,976	48	7,7632	12,482
24	3,8798	6,236	49	7,9251	12,743
25	4,0415	6,496	50	8,0870	13,003

Table donnant le sucre de canne correspondant aux degrés saccharimétriques, en tenant compte de la variation du pouvoir rotatoire spécifique (*suite*).

Degrés observés	Sucre p. 100 cm cub.		Degrés observés	Sucre p. 100 cm. cub.	
	français	allemands		français	allemands
	grammes	grammes		grammes	grammes
51	8,2489	13,264	76	12,3016	19,781
52	8,4108	13,524	77	12,4649	20,042
53	8,5727	13,714	78	12,6284	20,302
54	8,7346	14,044	79	12,7922	20,564
55	8,8965	14,305	80	12,9470	20,924
56	9,0584	14.566	81	13,1091	21,085
57	9.2203	14,826	82	13,2712	21,346
58	9.3822	15,087	83	13,4333	21,608
59	9.5441	15,347	84	13.5954	21,868
60	9,7060	15,608	85	13,7575	22,130
61	9,8681	15,868	86	13,9196	22,391
62	10,0304	16,130	87	14,0817	22,652
63	10.1929	16,390	88	14,2438	22.912
64	10.3556	16,651	89	14,4059	23,174
65	10.5184	16,912	90	14,5680	23,435
66	10,6816	17,173	91	14,7301	23,696
67	10,8449	17,433	92	14,8922	23.957
68	11,0084	17,694	93	15,0553	24,219
69	11,1721	17,954	94	15,2174	24,480
70	11,3260	18,216	95	15,3795	24,742
71	11,4881	18,476	96	15,5416	25,002
72	11,6504	18,738	97	15.7037	25,265
73	11,8129	18,998	98	15,8658	25,525
74	11,9756	19,259	99	16,0279	25,787
75	12,1385	19,519	100	16,1900	26,048

saccharimètre dont les degrés observés doivent
être augmentés de 10 °/₀ pour tenir compte de
la dilution du liquide par le réactif plombique.

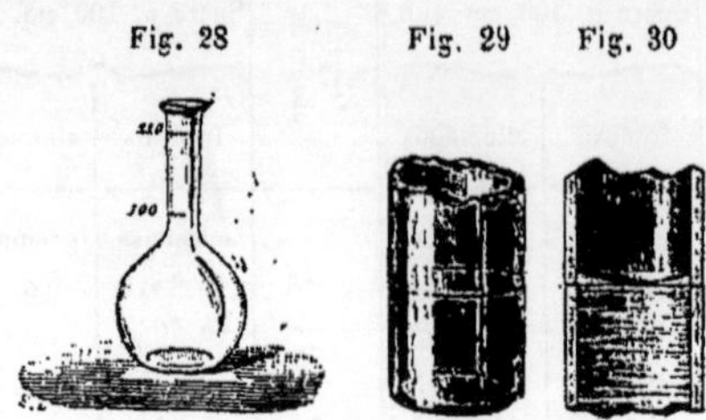

Fig. 28   Fig. 29   Fig. 30

Les ballons sont jaugés de telle façon que le
trait circulaire forme la tangente au bas du
ménisque produit par le liquide (*fig.* 29 et
3o).

L'analyse d'un liquide est rapportée à 100 centimètres cubes, parfois elle est exprimée en
grammes par litre. A l'étranger, on a l'habitude
d'exprimer le résultat pour 100 grammes de
liquide. Dans ce cas, le sucre pour 100 centimètres cubes est divisé par la densité du
liquide qu'on a déterminée au préalable.

**41. Préparation du sous-acétate de
plomb.** — Dans une grande capsule en porcelaine ou tout autre récipient dans lequel on peut

mêler et doucement chauffer, on introduit les
matières suivantes :

$1^{kg},900$ d'acétate neutre de plomb,
o, 560 de litharge finement pulvérisée,
5 litres d'eau distillée.

et l'on digère le tout, en agitant fréquemment,
pendant six heures environ, à une température
de 50 à 70° C., le mieux sur la vapeur d'eau d'un
grand bain-marie.

Après refroidissement, on laisse déposer et
l'on décante dans une grande bouteille L (*fig.*31),
de 5 litres de capacité. La bouteille L est fermée
hermétiquement par un bouchon en caoutchouc
à deux trous, dont l'un donne passage à un
long tube descendant presque jusqu'au fond de
la bouteille, recourbé dans sa partie supérieure,
au bout de laquelle est adapté un tube en
caoutchouc très long, fermé par une pince
Mohr K et formant ainsi un siphon ; dans le second trou du bouchon Q est introduit un tube
recourbé N, rempli dans sa partie cylindrique
de chaux sodée granulée, afin de débarrasser de
son acide carbonique l'air pénétrant dans la
bouteille. Cette dernière précaution est indis-
pensable, car, sans cela, le réactif plombique se
trouble au bout de peu de temps.

42. Essai de sucre brut. — Sur un trébuchet A (*fig.* 31), sensible à 5 milligrammes environ on pèse une quantité de sucre correspondant à la prise d'essai du saccharimètre dont on dispose, soit 16^{gr},19 pour les instruments français et 26^{gr},048 pour les appareils allemands, qu'on dissout ensuite dans 50 à 70 centimètres cubes d'eau de source bien limpide.

Cette dissolution peut être faite de différentes manières : soit qu'on pèse le sucre dans une capsule métallique B et qu'on le dissout dans la capsule même, soit qu'on transvase dans un verre à pied le sucre pesé et qu'on rince ensuite la capsule avec un peu d'eau qui sert ensuite pour dissoudre le sucre dans le verre. Dans les deux cas, on fait usage d'une baguette en verre à bout aplati, à l'aide duquel on agite la masse et l'on écrase les grumaux qui ne se dissolvent que lentement. La dissolution achevée, on transvase avec précaution le liquide sucré dans une fiole E, jaugée de 100 centimètres cubes, en appuyant l'agitateur contre le bec de la capsule, qu'on rince ensuite avec de l'eau pour enlever les dernières traces de sucre. Les eaux de lavage sont réunies dans la fiole jaugée E qu'on remplit ainsi aux trois quarts environ.

Quelques chimistes préfèrent opérer d'une manière différente.

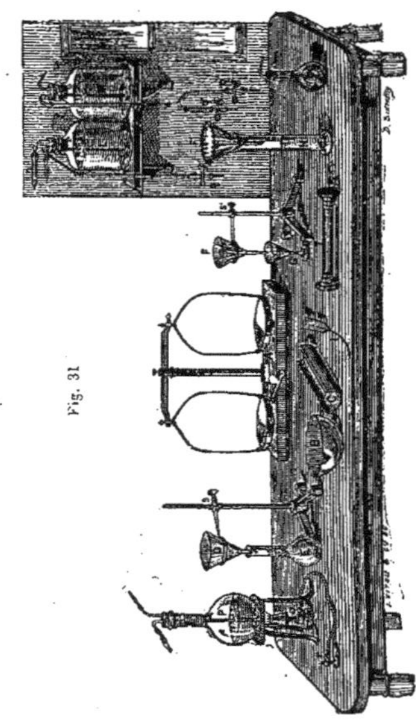

Fig. 31

On pèse le sucre sur un petit plateau en feuille d'aluminium pliée en forme d'une rigole C ; puis, au moyen d'un entonnoir en maillechort D, on verse le sucre directement dans la fiole E, en passant sur l'entonnoir un filet d'eau qui fait descendre le sucre dans la fiole et qui rince en même temps l'entonnoir. Lorsque le sucre est gras, il en adhère souvent aux parois du petit plateau qui a servi à la pesée ; mais il est facile d'enlever les cristaux adhérents au moyen d'un pinceau plat I, formé simplement d'une plume coupée, et le plateau, qui reste sec et propre, peut servir immédiatement pour l'essai suivant. On ajoute encore de l'eau dans la fiole, de manière à la remplir aux trois quarts environ et on l'agite, en lui communiquant un léger mouvement de rotation, afin de dissoudre le sucre.

De cette façon on évite le transvasement et les lavages, etc., ce qui est avantageux lorsqu'on a à faire une série d'essais de même genre ; mais la dissolution s'opère un peu plus lentement.

Le sucre étant complètement dissous, on ajoute un peu de sous-acétate de plomb (de o,1 à 1 centimètre cube selon la couleur plus ou moins foncée de la solution) afin de précipiter les matières colorantes, etc., on ajoute ensuite

de l'eau jusq'uà ce que le liquide remonte dans
le col de la fiole jaugée E, on fait disparaître les
bulles d'air avec une goutte d'éther sulfurique
(contenu dans K), et l'on affleure avec de l'eau
au trait de jauge. Cette dernière opération se
fait aisément au moyen du bout effilé q'' du siphon M. On peut également faire usage d'un
compte-gouttes. On agite le liquide trouble afin
de le rendre homogène, on filtre et l'on observe au
saccharimètre directement le saccharose pour
cent de matière.

43. Essai de masses cuites. — Bien que
cet essai puisse être conduit exactement comme
celui de sucres bruts décrit précédemment, il
est cependant préférable d'opérer de la manière
suivante : On pèse 100 grammes de matière que
l'on dissout avec 350 à 400 centimètres cubes
d'eau distillée chaude qu'on verse dans un
ballon jaugé de 500 centimètres cubes. Au
moyen de la pissette P (*fig.* 31) on rince la
capsule B ayant servi pour la pesée et l'on ajoute
les eaux de lavage à la solution principale.
Après refroidissement, on complète avec de l'eau
distillée le volume jaugé et l'on agite par retournement pour rendre le liquide homogène.
C'est cette solution à $20^{gr} {}^{0}/_{0}$ centimètres cubes

qui servira aux divers dosages dont se compose l'analyse de masses cuites.

Pour le dosage du sucre on mesure 50 centimètres cubes de cette solution que l'on introduit sans perte dans un ballon de 100 centimètres cubes, on y ajoute de 1 à 3 centimètres cubes de sous-acétate de plomb, selon la couleur de la solution, on complète avec de l'eau ordinaire au trait de 100, on agite, on filtre et l'on fait l'observation au saccharimètre comme d'habitude.

Pour avoir le sucre pour cent de matière, il faut multiplier avec 1,619 (français) ou 2,6048 (allemand) les degrés **observés**, le liquide essayé contenant 10 grammes de matière dans 100 centimètres cubes.

44. Essai de mélasse.—Dans une capsule de nickel à bec large (*fig.* 32) on pèse une quantité de mélasse correspondant à cinq fois la prise d'essai du saccharimètre employé, soit 81 grammes pour les appareils français et 130^{gr},24 pour les instruments allemands. Pour faciliter la pesée de mélasse, on fait usage d'une petite baguette de verre afin d'ajouter ou d'enlever une petite goutte de mélasse selon le besoin. On verse un peau d'eau chaude dans la capsule en délayant la masse avec une baguette à bout

aplati et la mélasse se dissout en partie ; on décante le liquide dans un matras jaugé de 500 centimètres cubes, en appuyant le bec de la capsule
contre l'orifice du matras afin d'éviter l'intermédiaire d'un entonnoir. On y ajoute de nouveau de l'eau chaude, afin de dissoudre une
nouvelle portion de mélasse qu'on verse également dans le matras jaugé et l'on continue ainsi
jusqu'à la dissolution complète de toute la pesée,
dont on fait un volume de 300 centimètres

Fig. 32

cubes environ ; vers la fin on rince la capsule
avec un jet d'eau chaude, et l'on ajoute les eaux
de lavage à la solution principale, on agite le
tout en imprimant au matras un léger mouvement de rotation, on le ramène à la température
ambiante, on ajoute 20 à 25 centimètres cubes
de sous-acétate de plomb, c'est-à-dire le volume
strictement nécessaire pour produire le précipité, on complète avec de l'eau le volume de
100 centimètres cubes, on agite, on filtre et l'on
observe au saccharimètre.

Il arrive quelquefois que le liquide filtré est encore trop coloré pour être observé au saccharimètre avec certitude. Dans ce cas, on le décolore avec quelques grammes de noir épurant fin, bien sec, épuisé par l'acide chlorhydrique et lavé à grande eau. On introduit le noir dans le liquide filtré, on agite avec une baguette, et l'on filtre après 15 ou 20 minutes ; le liquide filtré est alors assez décoloré pour être examiné au saccharimètre.

45. Inversion optique. — Comme il peut arriver que la mélasse analysée contienne d'autres matières optiquement actives que le sucre, la polarisation directe ne peut pas indiquer d'une manière certaine la teneur en sucre cristallisable et il faut doser celui-ci par l'inversion optique. Cette méthode repose sur le fait constaté par *Clergel*, que lorsqu'on invertit le sucre cristallisable au moyen d'acide chlorhydrique, la solution du sucre inverti qui en résulte, dévie à gauche le plan de la lumière polarisée, et que si la solution normale avait indiqué 100° à droite, la solution invertie indiquerait 44° à gauche à la température de 0° C, ou $44 - \dfrac{T}{2}$ à la température T, de sorte que la déviation sera nulle à 88° C.

Voici la manière d'opérer :

On fait l'observation directe de la manière décrite plus haut, on prend le reste du liquide filtré et l'on remplit jusqu'au trait de 5o une fiole jaugée à deux traits, 5o et 55 centimètres cubes, on ajoute 5 centimètres cubes (c'est-à-dire jusqu'au trait de 55 centimètres cubes) d'acide chlorhydrique concentré, ayant une densité de 1,188 ($= 38$ $^{0}/_{0}$ HCl), on agite la fiole par retournement pour rendre le liquide homogène, et on la plonge dans un bain-marie chauffé à 68° C ; on place un thermomètre dans la fiole qu'on agite pour ramener son contenu à 68° C, ce qui exige environ 5 minutes ; on maintient encore pendant 1o minutes la fiole dans le bain-marie dont la température doit rester constante à 68-70° C. On retire la fiole qu'on refroidit par l'immersion dans un bain d'eau froide, et lorsque le thermomètre est descendu à environ 20° C, on la retire ; on ajoute au liquide, s'il est coloré, o,5 à 1 gramme de noir épurant, on agite, on filtre rapidement, et l'on remplit un tube spécial de 22 centimètres de longueur, ayant une tubulure latérale permettant d'y plonger un thermomètre, et on l'observe au saccharimètre où l'on trouvera une déviation à gauche. On note les degrés lus et l'on observe la température du liquide.

Le sucre cristallisable est alors trouvé par la formule suivante, indiquée par *Clerget* et modifiée légèrement par *Landolt* :

$$C = \frac{200 S}{284,8 - T}$$

dans laquelle C = sucre cristallisable ; S, la somme des deux lectures saccharimétriques, avant (P) et après (P') l'inversion, sans tenir compte du signe négatif de la dernière, et T = température de la dernière observation en centigrades.

On compare la valeur de C, ainsi calculée, avec le résultat de l'observation directe (P). Si C est supérieur à l'observation directe, c'est que le sucre essayé contient du sucre inverti ou une autre matière lévogyre : dans le cas contraire, il y a des matières dextrogyres.

46. Dosage du Raffinose. — Certains sucres, notamment ceux qui sont extraits de mélasses par les procédés de sucrates, contiennent fréquemment du *raffinose* qui, par suite de son pouvoir rotatoire spécifique plus élevé que celui du sucre cristallisable, communique à la solution sucrée une polarisation anormale, de sorte qu'il arrive quelquefois que la somme des dosages habituels dépasse 100, sans rien laisser pour les matières non déterminées ; même dans le cas ou la somme des dosages effectués est inférieure à 100, on reconnaît l'exagération du titre du cristallisable, en le vérifiant par l'inversion optique.

Toutefois, la formule indiquée plus haut ne suffit pas, dans ce cas, pour rectifier le titre du sucre cristallisable et encore moins pour en déduire la quantité de *raffinose*.

Mais il est facile de trouver par l'inversion optique, aussi bien le cristallisable que le raffinose, en employant la formule indiquée par *Creydt*, déduite des expériences directes faites sur les mélanges préparés avec les deux produits, chimiquement purs, en proportions connues.

Ce savant a trouvé que, lorsqu'on fait l'inversion, dans les conditions indiquées plus haut, d'une solution de sucre de canne indiquant $+$ 100° au saccharimètre, la solution invertie indiquera, à la température de $+$ 20° C2, 32° 0 ; une solution de raffinose marquant, avant l'inversion, $+$ 100° au saccharimètre, donnera après l'inversion une déviation à droite de $+$ 50° 7 à la température de 20° C.

Un mélange des deux substances, en proportion définie, et traité de la même manière, devra donc fournir une rotation intermédiaire :

Soient :

A, la rotation par observation directe ;

B,   —   par inversion et à 20° C ;

C, la différence de ces deux nombres, l'affai-
blissement de la rotation. On obtiendra la teneur en sucre cristallisable S, et en raffinose R,
par les formules :

$$(1) \qquad S = \frac{C - 0,493A}{0,827} = 0,613A - 1,209B$$

$$(2) \qquad R = 1,017A - \frac{C}{21,98}$$

Naturellement, la détermination, d'après ce
calcul, ne s'applique qu'au cas de la seule présence de ces deux substances optiquement actives. Pour les mélanges plus compliqués, le résultat devient d'autant moins approximatif qu'il
y a une plus grande quantité d'autres substances
en présence.

M. *Lindet* propose d'ajouter au liquide acide,
porté à l'ébullition, du zinc en poudre, afin de
modérer l'action de l'acide sur les deux sucres,
de l'arrêter aussitôt l'inversion terminée et de
décolorer en même temps le liquide par l'hydrogène naissant. L'inversion se fait à la vapeur du
bain-marie, et l'on n'a à se préoccuper ni de la
quantité d'acide, ni de la durée de l'inversion.

47. Essais de betteraves et de cannes. —
Au moyen d'une râpe à dents de scie on divise la
matière en râpure fine qu'on mélange soigneusement et dont on exprime le jus au moyen
d'une forte presse. Le jus obtenu, bien mélangé,
est déféqué avec 10 °/₀ de sous-acétate de
plomb, filtré et examiné au saccharimètre. On
établit par le calcul le sucre pour 100 *grammes
de jus*, qu'on multiplie avec 0,93 pour avoir
le sucre pour 100 de betteraves. Pour supprimer les calculs, on fait usage des tables de
polarisation, publiées par *Sidersky* et *Dupont*
pour les saccharimètres français et par *Schmitz*
pour les instruments allemands.

Ce procédé ne donne cependant qu'un résultat
approximatif. Pour le dosage direct dans les
betteraves ou les cannes, le procédé le plus certain et le plus pratique est celui proposé par
M. Pellet, connu sous le nom de la *Digestion
Aqueuse*.

On prend le poids normal de râpure mé-
langée, soit 16ᵍʳ,19 pour les instruments français
et 26ᵍʳ,048, pour les appareils allemands, que
l'on introduit au moyen d'un entonnoir métallique dans un ballon de 200 centimètres cubes, en
faisant usage d'un filet d'eau pour rincer la
capsule et l'entonnoir. On y ajoute six à sept

centimètres cubes de sous-acétate de plomb (3o° Bé) pour 26 grammes de pulpe, ét de l'eau jusqu'aux trois quarts et l'on place le ballon dans un bain-marie bouillant. On laisse chauffer de trente minutes à une heure, suivant la finesse de la pulpe. Pendant le chauffage, on surveille le ballon et l'on agite au besoin pour en chasser l'air. On y ajoute de l'eau presque jusqu'au trait de jauge. On retire le ballon qu'on refroidit par immersion dans l'eau froide, on complète le volume jaugé et l'on filtre. On ajoute au liquide filtré 1 à 2 gouttes d'acide acétique cristallisable et l'on polarise dans un tube de 4oo millimètres de longueur, afin d'avoir directement le sucre pour 1oo de betterave.

Pour tenir compte du volume occupé par la partie insoluble de la pulpe, le ballon contient un deuxième trait correspondant à $200^{cm^3},8o$ pour $16^{gr},19$ de pulpe, ou $201^{cm^3},35$ pour $26^{gr},o5$ de pulpe ou bien on fait 200 centimètres cubes dans chaque cas, mais en pesant $16^{gr},o9$ de pulpe pour les instruments français, ou $25^{gr},87$ pour les instruments allemands.

S'il se produit, pendant le chauffage, de la mousse dans le ballon, on l'abat avec quelques gouttes d'éther.

Tables de polarisation pour les saccharimètres français (avec

Degrés lus au saccharimètre (16gr,19 poids normal)	Sucre en volume	Densité (à 15°C)							
		3,50	3,75	4,00	4,25	4,50	4,75	5,00	5,25
		Degrés Vivien ou matières dissoutes °/0 du volume (à 15°C)							
		9,2	10	10,67	11,33	11,98	12,63	13,20	13,91
		Degrés Dupont ou matières dissoutes °/0 du poids (à 15°C)							
		9	9,66	10,26	10,86	11,46	12,06	12,66	13,25
100	17,8990								16,48
90	16,0248								14,82
80	14,2417								13,18
70	12,4586						11,99	11,86	11,53
60	10,6766				10,24	10,21	10,19	10,17	9,88
50	8,8947	8,58	8,57	8,56	8,54	8,52	8,50	8,48	8,23
40	7,1148	6,90	6,88	6,87	6,86	6,85	6,84	6,82	6,58
30	5,3350	5,16	5,15	5,13	5,12	5,11	5,10	5,08	4,94
20	3,5563	3,44	3,44	3,43	3,42	3,42	3,41	3,41	3,29
10	1,7776	1,72	1,71	1,71	1,70	1,70	1,69	1,68	1,64
9	1,5990	1,55	1,55	1,55	1,55	1,54	1,54	1,54	1,49
8	1,4221	1,39	1,58	1,38	1,38	1,38	1,37	1,37	1,32
7	1,2444	1,22	1,22	1,22	1,21	1,21	1,21	1,21	1,16
6	1,0667	1,03	1,03	1,03	1,02	1,02	1,02	1,02	0,99
5	0,8890	0,87	0,87	0,87	0,86	0,86	0,86	0,86	0,83
4	0,7113	0,69	0,69	0,69	0,68	0,68	0,68	0,68	0,66
3	0,5335	0,52	0,52	0,52	0,51	0,51	0,51	0,51	0,50
2	0,3557	0,35	0,35	0,35	0,35	0,35	0,35	0,35	0,33
1	0,1781	0,17	0,17	0,17	0,17	0,17	0,17	0,17	0,17

Inset table:

Degr.	Sucre	Degr.	Sucre
0,1	0,02	0,6	0,11
0,2	0,04	0,7	0,13
0,3	0,05	0,8	0,14
0,4	0,07	0,9	0,16
0,5	0,09	//	//

10 °/0 de sous-acétate de plomb), par MM. Sidersky et Dupont

Densité (à 15°C)										
5,50	5,75	6,00	6,25	6,50	6,75	7,00	7,25	7,50	7,75	8,00
Degrés Vivien ou matières dissoutes °/0 du volume (à 15°C)										
14,60	15,25	45,91	16,50	17,22	17,88	18,54	19,23	19,87	20,53	21,20
Degrés Dupont ou matières dissoutes °/0 du volume (à 15°C)										
13,82	14,42	15,01	15,59	16,17	16,75	17,33	17,91	18,46	19,05	19,66
							16,64	16,60	16,56	16,52
				15,05	15,03	15,02	15,00	14,96	14,92	14,87
	13,50	13,48	13,45	13,42	13,39	13,36	13,33	13,29	13,25	13,21
11,84	11,82	11,80	11,78	11,75	11,73	11,70	11,68	11,64	11,60	11,56
10,11	10,12	10,10	10,08	10,05	10,03	10,01	9,99	9,97	9,94	9,91
8,46	8,43	8,41	8,39	8,37	8,35	8,32	8,30	8,29	8,27	8,25
6,81	6,79	6,77	6,75	6,74	6,72	6,70	6,68	6,66	6,64	6,61
5,07	5,06	5,05	5,04	5,03	5,02	5,00	4,99	4,98	4,97	4,96
3,40	3,40	3,39	3,38	3,37	3,36	3,33	3,34	3,33	3,32	3,30
1,68	1,67	1,67	1,67	1,66	1,66	1,66	1,65	1,65	1,64	1,64
1,54	1,53	1,53	1,52	1,52	1,52	1,51	1,51	1,50	1,50	1,49
1,37	1,37	1,36	1,36	1,36	1,35	1,35	1,35	1,34	1,34	1,33
1,20	1,20	1,20	1,20	1,19	1,19	1,19	1,18	1,18	1,17	1,17
1,02	1,02	1,01	1,01	1,01	1,01	1,01	1,01	1,00	1,00	1,00
0,86	0,85	0,85	0,85	0,85	0,84	0,84	0,84	0,84	0,83	0,83
0,68	0,68	0,68	0,68	0,68	0,67	0,67	0,67	0,67	0,67	0,67
0,51	0,51	0,51	0,54	0,51	0,51	0,50	0,50	0,50	0,50	0,50
0,34	0,34	0,34	0,34	0,34	0,34	0,34	0,34	0,33	0,33	0,33
0,17	0,17	0,17	0,17	0,17	0,17	0,17	0,17	0,17	0,17	0,17

Tables de polarisation pour les saccharimètres allemands (avec 10 °/₀ de sous-acétate de plomb), par M. *Schmitz*.

Degrés Brix de la solution et poids spécifiques correspondants

Degrés lus au saccharimètre (26gr,048 poids normal)	7	8	9	10	11	11.5	12	12,5	13	13,5
	1,0278	1,0319	1,0360	1,0401	1,0443	1,0461	1,0485	1,0506	1,0628	1,0549
80										
70										
60										
50									13,59	13,57
40					10,99	10,97	10,94	10,92	10,90	10,87
30		8,32	8,25	8,19	8,14	8,12	8,10	8,09	8,07	8,05
20	5,56	5,54	5,52	5,50	5,47	5,16	5,45	5,44	5,43	5,42
10	2,78	2,77	2,76	2,75	2,74	2,73	2,73	2,72	2,71	2,71
9	2,50	2,49	2,48	2,47	2,46	2,46	2,45	2,45	2,44	2,44
8	2,22	2,22	2,21	2,20	2,19	2,18	2,17	2,17	2,16	2,16
7	1,95	1,94	1,93	1,92	1,91	1,91	1,91	1,90	1,90	1,89
6	1,67	1,66	1,66	1,65	1,65	1,64	4,64	1,63	1,63	1,63
5	1,39	1,38	1,38	1,37	1,37	1,37	1.36	1.36	1.36	1,36
4	1,11	1,11	1,10	1,10	1,10	1,09	1.09	1,09	1.09	1,08
3	0,83	0,83	9,83	0,82	0,82	0,80	0,82	0,82	0,81	0,81
2	0,56	0,55	0,55	0,55	0,55	0,55	0,55	0,54	0,54	0,54
1	0,28	0,28	0,28	0,28	0,27	0,20	0,27	0,27	0,27	0,27

Encart (correction pour les dixièmes de degré) :

10es de degrés	Sucre	10es de degrés	Sucre
0,1	0,03	0,6	0,17
0,2	0,06	0,7	0,20
0,3	0,09	0,8	0,23
0,4	0,11	0,9	0,26
0,5	0,14	//	//

Degrés Brix de la solution et poids spécifiques correspondants

Degrés lus au saccharimètre	14	14,5	15	15,5	16	16,5	17	17,5	18	18…
	1,0570	1,0592	1,0613	1,0635	1,0657	1,0678	1,0700	1,0722	1,0744	1,0…
80										
70									18,65	18
60				16,16	16,13	16,10	16,07	16,03	15,97	15
50	13,54	13,51	13,48	13,46	13,43	13,40	13,37	13,35	13,32	13
40	10,84	10,82	10,80	10,77	10,75	10,73	10,70	10,68	10,65	10
30	8,03	8,02	8,00	7,98	7,96	7,94	7,92	7,09	7,88	7
20	5,41	5,40	5,39	5,38	5,36	5,35	5,31	5,33	5,32	
10	2,70	2,70	2,69	2,69	2,68	2,68	2,67	2,67	2,66	
9	2,43	2,43	2,42	2,42	2,41	2,41	2,40	2,40	2,39	
8	2,15	2,15	2,15	2,14	2,14	2,14	2,13	2,13	2,12	
7	1,89	1,89	1,88	1,88	1,88	1,87	1,87	1,86	1,86	
6	1,62	1,62	1,62	1,61	1,61	1,61	1,60	1,60	1,60	
5	1,35	1,35	1,35	1,35	1,34	1,34	1.34	1.34	1,33	
4	1,08	1,08	1,08	1,08	1,07	1,07	1,07	1,07	1,06	
3	0,81	0,81	0,81	0,81	0,80	0,80	0,80	0,80	0,80	
2	0,54	0,54	0,54	0,54	0,54	0,54	0,53	0,53	0,53	
1	0,27	0,27	0,27	0,27	0,27	0,27	0,27	0,27	0,27	

48. Résidus de fabrication. — La recherche du sucre dans les petites eaux de diffusion ou de lavage exige une réduction préalable
de celles-ci au 1/5 ou au 1/10 du volume primitif,
on les évapore avec une légère addition de carbonate de soude. La pulpe épuisée de diffusion
est hachée et comprimée et le liquide obtenu,
déféqué avec le réactif plombique, est polarisé.
Les résidus calcaires sont mélangés, et le poids
normal est trituré avec de l'eau, neutralisé exactement par quelques gouttes d'acide acétique,
ramené à 100 centimètres cubes, et polarisé.

Ces polarisations sont faites de préférence
dans un tube de 400 ou 500 millimètres de
longueur, afin de multiplier les degrés à observer. Le reste est une affaire de calcul.

—

CHAPITRE VI

DOSAGE OPTIQUE DES SUCRES RÉDUCTEURS

49. Observations générales. — La dispersion du pouvoir rotatoire pour les différentes raies du spectre, et notamment le rapport de $[\alpha]_j : [\alpha]_D$ étant pour la plupart des sucres identique à celui de quartz, on fera usage des saccharimètres à compensateurs, pour l'essai optique de matières renfermant du dextrose, lactose, ou dextrine.

A l'aide de la table des poids normaux (p. 89) il est aisé de déterminer la prise d'essai pour chacun des sucres. Nous verrons plus loin ce qu'il faut faire dans le cas spécial de substances renfermant plusieurs sucres à la fois.

50. Glucoses de commerce. — Dans les glucoses cristallisées la teneur en dextrose est déterminée par la polarisation d'une dissolution de $20^{gr},40$ de matière dans 100 centimètres cubes, préparée comme dans l'essai d'un sucre brut. Les degrés observés au saccharimètre Laurent indiquent directement les tant pour cent de dextrose. Pour le saccharimètre allemand, on prendra $16^{gr},41$ de matière dans 100 centimètres cubes et l'on multipliera par 2 le résultat observé dans un tube de 200 millimètres, ou bien on fera l'observation dans un tube de 400 millimètres pour avoir directement les tant pour cent de dextrose.

Il ne serait pas pratique de peser $32^{gr},82$ de glucose pour 100 centimètres cubes ; on formerait alors une solution trop concentrée dont le pouvoir rotatoire n'est plus constant.

Pour éviter le phénomène de birotation, il faut faire bouillir la solution avant de la ramener au volume jaugé. La même remarque s'applique aux autres sucres réducteurs.

51. Sirops de glucose. — Ces sirops contiennent ordinairement du dextrose, du maltose et de la dextrine que l'on détermine par le procédé indiqué par le Dr Wiley, lequel est basé sur les faits suivants :

a) Les pouvoirs rotatoires spécifiques de ces

trois corps étant : dextrose $= 52°,74$, maltose $= 138°,3$ et dextrine $= 194°,8$ une solution renfermant ces trois corps aura une polarisation

$$(1) \qquad P = 52,74D + 138,3M + 194,8d.$$

D, M et d, exprimant les quantités respectives de dextrose, de maltose, et de dextrine contenues dans la solution.

b) Si la solution est traitée par le cyanure de mercure en excès, le dextrose et le maltose sont entièrement détruits; et la dextrine seule restera intacte. Si maintenant, on observe la solution au saccharimètre, la déviation observée donnera la quantité de dextrine présente, et nous aurons

$$(2) \qquad P' = 194,8d,$$

formule avec laquelle nous pourrons facilement calculer d, chaque degré du saccharimètre étant $= 0^{gr},055$ ou $= 0^{gr},089$ de dextrine, selon que la prise d'essai pour le sucre de canne est de $16^{gr},20$ ou de $26^{gr},048$.

La différence des deux observations est

$$(3) \qquad P - P' = 52,74D + 138,3M.$$

On traitera ensuite la solution par la liqueur

cuivrique, qui est réduite par le dextrose et par le maltose. On opèrera par tirage ou par pesée, et l'on calculera le tout en dextrose. Comme le pouvoir réducteur du maltose est de 0,65 par rapport à celui du dextrose pris comme unité, nous avons la réduction totale

$$(4) \qquad R = D + 0{,}65M.$$

En multipliant l'équation (4) par 52,74, il viendra

$$(5) \qquad 52{,}74R = 52{,}74D + 34{,}28M$$

que nous soustrairons de (3), et nous aurons

$$(6) \qquad (P - P') - 52{,}74R = 104{,}02M$$

d'où

$$(7) \qquad M = \frac{(P - P') - 52{,}74R}{104{,}02}$$

et

$$(8) \qquad D = R - 0{,}65M.$$

La solution de cyanure de mercure, préconisée par Willey, contient par litre :

     120 grammes cyanure de mercure

et   25 grammes hydrate de potasse.

En appliquant cette méthode à l'analyse de différents sirops de glucose d'origine américaine, l'auteur a trouvé que le dextrose y variait entre 23 et 42 $\%$; la dextrine variait entre 29 et 45 $\%$ et la proportion de maltose, entre 1 et 19 $\%$.

Pour que les résultats soient certains, il est bon de préparer une solution de 25 grammes de sirop de glucose dans de l'eau distillée qu'on ramène, après ébullition, à 100 centimètres cubes. On fait l'observation saccharimétrique comme il vient d'être indiqué, tandis que la réduction cuivrique est effectuée sur une liqueur étendue renfermant 1 à 2 $\%$ de sirop soumis à l'essai.

52. Essai de Miel. — L'essai polarimétrique de miel a pour but de rechercher s'il est pur, falsifié avec du sucre de canne ou avec du sirop de fécule. M. Biesterfield conseille le procédé suivant :

On prépare une solution de miel à 20 $\%$, qu'on décolore au besoin avec du noir animal, et on la divise en deux parties. L'une est polarisée telle quelle (solution I), tandis qu'on chauffe l'autre pendant 10 minutes avec quelques gouttes d'acide sulfurique, on laisse refroidir,

on ramène au volume primitif et l'on polarise
(solution II). Si le miel est pur, la solution I
déviera d'environ 5° à gauche et la solution II
sera également lévogyre.

Si la solution I dévie à droite et la solution II
à gauche, on peut conclure qu'il y a falsification
au moyen de sucre de canne. Si les deux solutions dévient à droite c'est que le miel essayé a
été falsifié avec du sirop de glucose. Dans le cas
ou la solution II, tout en restant dextrogyre,
dévie beaucoup moins que la solution I, on peut
estimer que le miel en question contient à la fois
du sucre de canne et du dextrose.

On fait également l'essai avec la liqueur de
Fehling, en opérant sur une solution étendue
de 1 % de miel. Un miel normal doit renfermer
au moins 62 % de sucre réducteur.

53. Essai de lait. — Le dosage du sucre
contenu dans le lait se fait aisément par la méthode optique. On mesure 50 centimètres cubes
de lait auxquels on ajoute 25 centimètres cubes
d'une solution concentrée d'acétate neutre de
plomb et l'on porte à l'ébullition. Après refroidissement on complète à 102 centimètres cubes,
on agite et, après filtration, on polarise dans un
tube de 200 millimètres. Les degrés observés,

multipliés par 0,4102 pour les saccharimètres français, ou par 0,6564 pour les instruments allemands, donnent le sucre pour 100 centimètres cubes de lait.

Le précipité des matières albuminoïdes de 50 centimètres cubes de lait occupant environ 2 centimètres cubes, on complète à 102 centimètres cubes afin d'avoir 100 centimètres cubes de liquide. A défaut de ballon jaugé à 102 on multipliera le résultat par 0,98.

On peut également clarifier le lait avec 1 centimètre cube de nitrate de mercure, c'est-à-dire une dissolution de mercure dans le double de son poids d'acide nitrique.

MM. Harvey et Wiley préfèrent la clarification du lait par une solution d'iodure mercurique, qu'on prépare en mélangeant :

KI . . . . $3^{gr},20$
$HgCl^2$ . . . . $13^{gr},50$
Acide acétique concentré . . . . . 25^{cm3}
Eau distillée . . . . 640^{cm3}.

On mélange ensuite, à chaud ou à froid, 50 centimètres cubes de lait avec 25 centimètres cubes de cette solution, et. il se forme immédiatement un précipité ; on ajoute de l'eau pour former 100 centimètres cubes, on agite, on filtre et l'on observe au saccharimètre de la manière indiquée.

54. Essai optique de vin. — L'examen polarimétrique d'un vin a pour but de rechercher certaines fraudes, addition de sucre de canne ou de glucose de commerce, etc. On opère de la manière suivante :

(*a*) S'il s'agit de vin blanc, on mesure 100 centimètres cubes de vin qu'on additionne de 5 centimètres cubes de sous-acétate de plomb, et qu'on filtre après agitation ; 52,5 centimètres cubes de liquide filtré sont additionnés de 2,5 centimètres cubes d'une solution concentrée de carbonate de soude qui précipite l'excès plombique, agités et filtrés de nouveau. Le liquide filtré est examiné au saccharimètre, dans un tube de 200 millimètres, et les degrés lus sont multipliés par 1,1, pour tenir compte de la dilution du vin essayé.

(*b*) S'il s'agit de vin rouge, on mélange 100 centimètres cubes de ce dernier avec 10 centimètres cubes de sous-acétate de plomb et l'on filtre ; on prend 55 centimètres cubes de liquide filtré qu'on additionne de 5 centimètres cubes de solution de carbonate de soude, on agite et l'on filtre de nouveau. Le liquide filtré est examiné au saccharimètre dont les degrés sont multipliés par 1,2, pour avoir la polarisation du vin primitif.

Trois cas peuvent se présenter :

(1) *Le vin examiné est dextrogyre.* — Il peut renfermer du saccharose ou des matières dextrogyres non fermentescibles, contenues dans le glucose ordinaire du commerce. On fait l'inversion de 50 centimètres cubes de vin avec 5 centimètres cubes d'acide chlorhydrique, de la manière décrite plus haut (p. 106) et l'on observe de nouveau au saccharimètre ; si le vin inverti tourne à gauche, on est en présence de saccharose ; si, au contraire, la rotation est toujours dextrogyre et dépasse celle de 0,70 % de glucose, on concluera de la présence de matières dextrogyres provenant d'une addition de glucose de commerce.

(2) *Le vin examiné est lévogyre.* — La polarisation à gauche provient uniquement du sucre inverti, formé par l'inversion du sucre naturel du moût ou par celle du saccharose ajouté. Si l'on a fait au préalable l'essai à la liqueur cuivrique, on examine d'abord si la polarisation est approximativement égale à celle qui résultera de la présence du sucre inverti en quantité correspondant au cuivre réduit ; si la rotation lévogyre

est notablement inférieure au résultat de l'essai
à la liqueur cuivrique, on se trouve en présence
de saccharose non inverti ou de matières dextrogyres du glucose commercial. Pour démontrer
la présence de ces dernières, on fait, avec le vin
donné un essai de fermentation ; si le liquide
fermenté est dextrogyre, on se trouve en présence
de matières dextrogyres non fermentescibles,
provenant d'une addition frauduleuse de glucose
de commerce.

(3) *Le vin essayé n'agit pas sur la lumière
polarisée*, ce qui est le cas de la plupart des vins
naturels. Comme l'absence de toute polarisation
peut quelquefois être causée par la présence
simultanée de matières dextrogyres et de sucre
inverti, avec compensation de leurs rotations
différentes, on fait d'abord un essai d'inversion ;
si le vin inverti tourne à gauche on concluera de
la présence de saccharose à côté de sucre inverti.
On fait ensuite un essai de fermentation et si le
liquide fermenté est dextrogyre, la présence de
matière dextrogyre du glucose commercial est
parfaitement démontrée.

55. Essai d'urine diabétique. — Le dosage
du sucre diabétique se fait aisément par la
méthode optique, lorsqu'on a affaire à des urines

peu colorées et exemptes d'albumine. On remplit un tube de 200 millimètres de longueur avec l'urine claire, filtrée préalablement au besoin, et l'on observe au saccharimètre dont on dispose. Pour l'échelle saccharimétrique française on multipliera par 2,049, pour l'échelle allemande, par 3,282, pour avoir le sucre par litre d'urine.

Si l'urine en question ne contient que fort peu de sucre, on fera l'observation saccharimétrique dans un tube de 40 à 50 centimètres et l'on divisera le résultat par 2 resp. 2,5.

Lorsque l'urine donnée contient de l'albumine, ce qui arrive souvent, il faut éliminer cette matière avant de faire la polarisation, l'albumine déviant à gauche le plan de la lumière polarisée. Dans ce but, on verse dans une capsule de porcelaine 100 centimètres cubes d'urine, on y ajoute de l'acide acétique étendu et l'on porte à l'ébullition ; l'albumine se dépose aussitôt en gros flocons qui se réunissent ensuite au fond de la capsule ; on laisse refroidir, on ajoute de l'eau pour en former le volume primitif de 100 centimètres cubes ; on filtre et l'on passe le liquide au saccharimètre.

Il arrive quelquefois que l'urine à analyser est trop colorée pour qu'on puisse faire avec certitude l'observation saccharimétrique. Dans ce cas, on prend 100 centimètres cubes d'urine, auxquels on ajoute 2 à 3 grammes de noir animal réduit en poudre très fine ; on agite vivement plusieurs fois, on laisse reposer pendant quelques minutes, on agite de nouveau, on filtre et l'on passe au saccharimètre le liquide ainsi décoloré.

Le plus souvent on fait usage de sous-acétate de plomb pour décolorer l'urine et pour précipiter en même temps les petites quantités d'albumine, s'il y en a. Dans ce but, on prend une fiole jaugée à 2 traits marquant 100 et 110 centimètres cubes, qu'on remplit avec l'urine jusqu'au trait de 100, on ajoute environ 5 centimètres cubes de sous-acétate de plomb et l'on affleure avec de l'eau le trait de 110, on agite par retournement, on filtre et l'on polarise. Naturellement, la lecture saccharimétrique doit être augmentée de 10 $^0/_0$ pour tenir compte de la dilution.

La petite table de la p. 129 supprime les calculs, en donnant pour chaque déviation le sucre correspondant en grammes par litre d'urine, la polarisation étant faite sur un liquide clarifié avec 10 $^0/_0$ de sous-acétate de plomb, dans un tube de 200 millimètres.

ESSAI D'URINE

(100^{cm3} d'urine clarifiée avec 10^{cm3} de réactif plombique).

Degrés observés dans un tube de 200^{mm}	Grammes de sucre par litre d'urine	
	Saccharimètres français	Saccharimètres allemands
1	2^{gr},25	3^{gr},61
2	4, 50	7, 22
3	6, 75	10, 83
4	9, 00	14, 88
5	11, 25	18, 05
6	13, 50	21, 66
7	15, 75	25, 27
8	18, 00	28, 88
9	20, 25	32, 49
10	22, 50	36, 10
11	24, 75	39, 71
12	27, 00	43, 32
13	29, 25	46, 93
14	31, 50	50, 54
15	33, 75	54, 15

Sur notre conseil, M. *Jobin*, le constructeur actuel du saccharimètre Laurent, fabrique des tubes spéciaux de 450 millimètres de longueur. En faisant l'observation dans un tube de cette longueur, chaque degré de l'échelle française indiquera *directement* 1 gramme de sucre diabé-

tique par litre d'urine, tenant compte de la dilution par le réactif plombique.

Lorsque l'urine ne contient que peu de sucre,
le dosage polarimétrique direct devient incer-
tain. M. le Dr Landolt propose d'opérer, dans ce
cas, de la manière suivante :

On prend un litre ou deux de l'urine en
question, qu'on additionne d'abord d'un peu
d'acétate neutre de plomb et qu'on filtre après
agitation. Au liquide filtré on ajoute du sous-
acétate de plomb et un peu d'ammoniaque ; le
précipité formé contient alors tout le sucre
renfermé dans l'urine. Après filtration ou décan-
tation, suivie de lavages à l'alcool, on introduit
le précipité dans un peu d'alcool et l'on y fait
passer un courant d'hydrogène sulfureux gazeux,
qui décompose le précipité plombique en mettant
le sucre en liberté. Après filtration on décolore le
liquide par un peu de noir animal en poudre,
on l'évapore jusqu'à réduction à un petit volume
déterminé et on l'observe au saccharimètre.
Reste à établir par le calcul le sucre contenu
dans un litre d'urine.

56. Essai de matières amylacées. — La
saccharification par les acides des matières
amylacées est une opération longue et peu pra-

tique. Elle nous intéressera d'autant moins
que les solutions étendues de déxtrose qui en
résulteraient ne produiront qu'une faible déviation au polarimètre. En revanche, nous pouvons
recommander la méthode élégante que M. *Baudry* a proposée pour l'essai de pommes de terre
et qui s'applique très bien à toutes les matières
amylacées. Elle repose sur ce fait que les acides
salicylique et *benzoïque* solubilisent complètement à chaud l'amidon et que la solution obtenue
dévie fortement à droite le plan de la lumière
polarisée. Nous avons seulement rectifié légèrement les chiffres indiqués par l'auteur, en y
appliquant les résultats des travaux les plus
récents sur le pouvoir rotatoire de l'amidon
soluble.

Voici le mode opératoire :

La matière étant finement divisée, on en pèse
$2^{gr},75$ pour le saccharimètre français ou $2^{gr},95$
pour le saccharimètre allemand, que l'on introduit avec 80 à 90 centimètres cubes d'eau dans
un ballon jaugé à 200 centimètres cubes allant au
feu. On y ajoute environ $0^{gr},50$ d'acide salicylique, on place le ballon sur un bain de sable
et l'on porte à l'ébullition, que l'on maintient
doucement pendant 25 minutes pour les farines
et pendant 50 minutes pour la pulpe de pommes

de terre. Il est pratique de placer dans l'orifice
du ballon un bouchon de liège perforé, portant
un tube de verre de 5o centimètres de longueur,
qui servira de condenseur. Après ce temps, on
ajoute de l'eau froide presque jusqu'au trait de
jauge, on refroidit par immersion dans l'eau
froide, on ajoute 1 centimètre cube d'ammoniaque qui communique au liquide une teinte
jaunâtre, on affleure au trait de jauge, on agite,
on filtre et l'on polarise dans un tube de
4oo millimètres.

Pour les saccharimètres français, on multipliera le résultat par 2, pour les instruments
allemands, par 3, les poids normaux respectifs
étant de 5^{gr},5o et de 8^{gr},85. On ne doit point
opérer sur plus de 3 grammes de matière afin
d'assurer la solubilisation complète de l'amidon.

CHAPITRE VII

—

DOSAGE OPTIQUE DES ALCALOIDES
DU QUINQUINA

57. Pouvoir rotatoire spécifique des alcaloïdes du quinquina. — Dans un travail remarquable sur les alcaloïdes du quinquina, M. Oudemans a démontré que le pouvoir rotatoire de ces alcaloïdes, isolés ou combinés aux acides, varie avec la nature des dissolvants, la concentration, la température, la nature des acides et leur excès ([1]).

Les nombreux tableaux de M. Oudemans n'étant pas susceptibles d'une reproduction dans un aide-mémoire, nous en extrayons les quelques fragments qui font la base des procédés de dosages décrits plus loin.

([1]) En même temps que M. Oudemans, M. Hesse a fait des recherches analogues qui l'ont conduit à des résultats identiques.

58. Influence de la nature du dissolvant sur le pouvoir rotatoire. — Les expériences ont été faites à la température de 17°.

Alcaloïde	Dissolvant	Poids de l'alcaloïde sec dans 20 cm³ de dissolution	$[\alpha_D]$
Quinine ($C^{20}H^{24}Az^2O^2$)	Alcool absolu	0gr,328	— 167°,5
	Benzine pur	0, 122	— 136
	Toluène pur	0, 078	— 127
	Chloroforme	0, 293	— 117
	Chloroforme	0, 155	— 126
Quinidine ($C^{20}H^{24}Az^2O^2$)	Alcool absolu	0, 324	+ 255
	Benzine pure	0, 324	+ 195, 2
	Toluène pur	0, 324	+ 206, 6
	Chloroforme	0, 324	+ 228, 8
Cinchonine ($C^{20}H^{24}Az^2O$)	Alcool absolu	de 0,1 à 0,15	+ 223, 3
	Chloroforme	0gr,091	+ 214, 8
	Chloroforme	0, 107	+ 212, 3
	Chloroforme	0, 112	+ 209, 0
Cinchonidine ($C^{20}H^{24}Az^2O$).	Alcool absolu	0, 308	— 109. 6
	Chloroforme	0, 309	— 77, 3
	Chloroforme	0, 682	— 74, 0

59. Pouvoirs rotatoires de quelques sels. — Les déterminations faites montrent l'énorme influence de la nature de l'acide du sel ainsi que celle de la nature du dissolvant. On a opéré à 17° et l'on a dissous constamment 1 millième d'équivalent d'alcaloïde (soit de 0,308 à 0,324)

Nom du sel et formule adoptée	Dissolvant	$[\alpha]_D$ rapporté à l'alcaloïde
Sulfate neutre de quinine . . $2(C^{20}H^{24}Az^2O^3)H^2SO^4+7^1/_2H^2O$	Alcool absolu	— 214°,9
Sulfate acide de quinine. . .	Eau	— 278, 1
$C^{20}H^{24}Az^2O^2,H^2SO^4+7H^2O$	Alcool absolu	— 227, 6
Chlorhydrate neutre de quinine.	Eau	— 163, 6
$C^{20}H^{24}Az^2O^2HCl+2H^2O$	Alcool absolu	— 169, 0
Oxalate neutre de quinine . . $2(C^{20}H^{24}Az^2O^2)C^2H^2O^4+3H^2O$	Alcool absolu	— 160, 5
Sulfate neutre de quinidine . $2(C^{20}H^{24}Az^2O^2)H^2SO^4+2H^2O^2$	Alcool absolu	+ 255, 2
Azotate neutre de quinidine . $C^{20}H^{24}Az^2O^2AzHO^3$	Alcool absolu	+ 232, 6
Chlorhyd. neutre de quinidine.	Eau	+ 233, 6
$C^{20}H^{24}Az^2O^2HCl+2H^2O$	Alcool absolu	+ 244, 1
//	Alc. 90,5 gr. / Eau 0,5 //	+ 260, 7
Sulfate neutre de cinchonidine. $2(C^{20}H^{24}Az^2O)H^2SO^4+6H^2O$	Alcool absolu	— 157, 5
//	Alc. 89 gr. / Eau 11 //	— 171, 8
//	Alc. 80 // / Eau 20 //	— 175, 1
Azotate neutre de cinchonidine. $C^{20}H^{24}Az^2O,AzHO^3+H^2O$	Eau	— 126, 3
	Alcool absolu	— 130, 4
//	Alc. 89 gr. / Eau 11 //	— 150, 4
//	Alc. 80 // / Eau 20 //	— 160, 4
Chlorhy. neut. de cinchonidine. $C^{20}A^{24}Az^2O,HCl+2H^2O$	Eau	— 129. 2
	Alcool absolu	— 123, 5
//	Alc. 89 gr. / Eau 11 //	— 147, 7
//	Alc. 80 // / Eau 20 //	— 159, 0

sous forme de sel dans la proportion de dissolvant nécessaire pour obtenir 20 centimètres cubes.

Le pouvoir rotatoire est plus fort en présence de l'alcool qu'en présence de l'eau, à l'exception du sulfate acide de quinine. L'hydratation de l'alcool élève le pouvoir rotatoire.

60. Analyse quantitative d'un mélange de deux alcaloïdes. (Procédé Oudemans). — Opérant à 17°, on pèse environ $0^{gr},316$ des alcaloïdes mélangés et préalablement desséchés, on dissout dans l'alcool absolu et, avec le même liquide, on complète à 20 centimètres cubes, puis on mesure le pouvoir rotatoire spécifique R du mélange. Soient x la proportion centésimale de l'un des alcaloïdes dans le mélange ; $+ \alpha$, le pouvoir rotatoire de cet alcaloïde pur mesuré dans les mêmes conditions (voir les tableaux précédents), et $+ \alpha'$, le pouvoir rotatoire du second alcaloïde ; la relation suivante permet de calculer x et par suite les proportions du mélange

$$\frac{x}{100} \alpha + \frac{100 - x}{100} \alpha' = R.$$

61. Analyse quantitative d'un mélange de trois alcaloïdes (Oudemans). — On opère

à 17°C; on fait deux pesées du mélange sec de
0^{gr},316 environ. La première est dissoute dans
l'alcool absolu et ramenée à 20 centimètres
cubes; la seconde est dissoute dans 2,5 à 3 centimètres cubes d'acide sulfurique normal
(49 grammes par litre) et ramenée avec de l'eau
à 20 centimètres cubes. On détermine les pouvoirs
rotatoires spéciques A et B des deux solutions.
Le résultat cherché est obtenu au moyen des
deux équations à deux inconnues, dans les-
quelles les pouvoirs rotatoires α, α', α'', β, β', β'',
interviennent avec leurs valeurs correspondantes
prises dans les tables rapportées plus haut :

$$(1) \quad \frac{x}{100}\,\alpha + \frac{y}{100}\,\alpha' + \frac{100 - x - y}{100}\,\alpha'' = A,$$

$$(2) \quad \frac{x}{100}\,\beta + \frac{y}{100}\,\beta' + \frac{100 - x - y}{100}\,\beta'' = B.$$

Dosage de la quinine dans un quinquina.
— La séparation de la quinine et de la cinchonidine d'un mélange des alcaloïdes totaux d'un
quinquina, est basée sur l'insolubilité de leurs
tartrates droits. D'après M. Jungfleisch, on obtient facilement le mélange des deux tartrates,
soit avec un sulfate de quinine impur, soit avec
le sulfate mixte des alcaloïdes totaux d'un quin-

quina, en dissolvant le sel neutre au tournesol,
dans quarante fois son poids d'eau bouillante,
ajoutant un excès de sel de Seignette et laissant
cristalliser vingt-quatre heures. On essore les
cristaux à la trompe, on les lave rapidement au
moyen du même instrument, avec une très petite
quantité d'eau froide, puis on les sèche à l'air.
Les deux tartrates sont moins solubles dans une
liqueur chargée de sel de Seignette en excès que
dans l'eau pure.

M. Oudemans a pensé qu'en déterminant
exactement les pouvoirs rotatoires de chacun de
ces tartrates, on pourrait ensuite analyser quan-
titativement leur mélange au moyen du polarimètre. Ce procédé lui a fourni de bons résultats.

Le tartrate de quinine a pour formule

$$2(C^{20}H^{24}Az^{2}O^{2})C^{4}H^{6}O^{6} + H^{2}O.$$

Le sel correspondant de la cinchonidine renferme deux molécules d'eau. Le premier sel con-
tient 79,41 $^{0}/_{0}$ de quinine et le second 76,80 $^{0}/_{0}$
de cinchonidine.

En opérant à 17°C, les pouvoirs rotatoires des
deux tartrates ont été déterminés dans trois
liqueurs de concentration différentes :

A) 0,4 grammes de sel + 3 centimètres cubes d'acide chlorhydrique normal pour 20 centimètres cubes ;

B) 0,8 grammes de sel + 6 centimètres cubes d'acide chlorhydrique normal pour 20 centimètres cubes ;

C) 1,2 grammes de sel + 9 centimètres cubes d'acide chlorhydrique normal pour 20 centimètres cubes.

On a obtenu les valeurs rapportées dans les deux tableaux suivants :

Tartrate de quinine

A

$$[\alpha]_D = -216^\circ,0 \qquad \qquad [\alpha]_D = -215^\circ,3$$
$$= -215,6 \qquad \qquad \qquad = -215,8$$
$$\text{Moyenne } [\alpha]_D = -215^\circ,8$$

B

$$[\alpha]_D = -211^\circ,2 \qquad \qquad [\alpha]_D = -211^\circ,7$$
$$= -211,4$$
$$\text{Moyenne } [\alpha]_D = -211^\circ,5$$

C

$$[\alpha]_D = -207^\circ,7 \qquad \qquad [\alpha]_D = -207^\circ,9$$
$$\text{Moyenne } [\alpha]_D = -207^\circ,8$$

Tartrate de cinchonidine

A

$$[\alpha]_D = -131^\circ,2 \qquad \qquad [\alpha]_D = -131^\circ,4$$
$$\text{Moyenne } [\alpha]_D = -131^\circ,3$$

$$\text{B}$$
$$[\alpha]_D = -\ 129°,9 \qquad | \qquad [\alpha]_D = -\ 129°,3$$
$$\text{Moyenne } [\alpha]_D = -\ 129°,6$$
$$\text{C}$$
$$[\alpha]_D = -\ 127°,8 \qquad | \qquad [\alpha]_D = -\ 128°,3$$
$$\text{Moyenne } [\alpha]_D = -\ 128°,1$$

Ces chiffres étant connus, pour faire l'analyse d'un mélange des deux tartrates on en pèse $0^{gr},4$ ou $0^{gr},8$ ou $1^{gr},2$, que l'on dissout dans 3, 6 ou 9 centimètres cubes d'acide chlorhydrique normal, et l'on complète à 20 centimètres cubes avec de l'eau pure, puis on détermine à 17°C. le pouvoir rotatoire spécifique R du mélange. Appelant x, le poids de tartrate de quinine contenu dans cent parties du mélange analysé, les formules suivantes permettent de calculer ce poids, suivant la concentration choisie :

A) $215,8x + 131,3 (100 - x) = 100R$
B) $211,5x + 129,6 (100 - x) = 100R$
C) $207,8x + 128,5 (100 - x) = 100R$

L'auteur cite des résultats très concordants obtenus par cette méthode.

62. Divers procédés de séparation de la quinine. — Il existe un certain nombre de procédés proposés pour la séparation de la quinine pur des alcaloïdes secondaires, cinchonidine et hydrobases, tels que les procédés par le chromate (de Vrij), par l'oxalate, par le bisulfate, etc. M. Lenz ayant soumis ces divers procédés à un examen approfondi, a exprimé l'avis qu'aucun d'eux ne permet la séparation complète de la quinine à l'état pur et que cette dernière est toujours accompagnée d'un peu de cinchonidine que l'on trouve, par conséquent, en trop faible quantité. Quand le sulfate de quinine est pur, c'est au moyen du procédé au chromate que l'on obtient le plus grand rendement en cinchonidine.

APPENDICE

—

63. Essai optique des autres alcaloïdes.
— Lorsqu'on a affaire à une substance renfermant un seul alcaloïde bien déterminé, son
dosage ne présente nulle difficulté. On recherche
dans la table le pouvoir rotatoire spécifique correspondant et l'on fait l'essai polarimétrique en
se plaçant dans des conditions identiques de concentration, de dissolvant et de température.
Pour un mélange de deux ou plusieurs alcaloïdes, on procédera d'une façon analogue au
procédé Oudemans.

**64. Recherche de l'huile de résine dans
l'huile de lin, d'après M. Aignan.** — L'huile
de lin destinée à la fabrication des peintures est
souvent falsifiée par une addition d'*huile de
résine*, dont le prix est fort inférieur. Les peintures contenant de l'huile de résine adhèrent

mal et se fendillent dans tous les sens. M. Aignan ayant reconnu que l'huile de lin n'a aucun pouvoir rotatoire, alors que l'huile de résine est fort dextrogyre, propose d'examiner au polarimètre, dans un tube de 20 centimètres de longueur, l'huile soupçonnée. Si l'on désigne par R, la rotation observée dans un tube de 20 centimètres de longueur et par x, le poids d'huile de résine raffinée pour cent d'huile essayée, on aura

$$x = R \, \frac{15}{14}.$$

Si l'huile est trop colorée, on observera dans un tube de 10 centimètres de longueur et l'on aura

$$x = R \, \frac{15}{7}.$$

BIBLIOGRAPHIE

—

AIGNAN. — *Recherche optique de l'huile de résine*, (v. F. Jean, Chimie analytique des matières grasses, Paris, 1892 p. 174).

ANDREWS. — *Chemisches Centralblat*. 1890, p. 20.

BAUDRY. — *Essai de pommes de terre* (Bulletin de l'association des chimistes, octobre 1891).

BERTHELOT et JUNGFLEISCH. — *Traité de chimie organique* (Paris 1886).

BIESTERFIELD. — *Essai de miel* (Bulletin de l'association belge des chimistes, mai 1892).

BIOT. — *Mémoires de l'Académie des Sciences*. II. p. 41 et XIII, p. 116.

BOLTZMANN. — (Pogg. Annalen der Physik, Dubbelband, p. 128).

BOUTAN et d'ALMEIDA. — *Traité de physique* (Paris).

CLERGET. — *Inversion optique*. Annales de chimie et de physique, 3ᵉ série, t. XXVI (1849), p. 175.

CREYDT. — *Dosage du raffinose* (N. Z. f. Zuckerind. t. XIX, p. 71).

DEROBUX. — Thèse présentée à la Faculté de Médecine de Lille, 1893.

DUPONT. — *Jaugeage des verreries graduées*. (Bulletin de l'Association des chimistes, septembre 1894).

Etard. — *Les nouvelles théories chimiques* (Paris, 1895).

Gaenge. — *Angewandte Optik in der Chemie* (Braunschweig, 1886).

Ganot. — *Traité de physique* (Paris, Hachette).

Guye. — *Étude sur la dissymétrie moléculaire.* (Archives des Sciences physiques et naturelles, t. XXVI).

Hammerschmidt. — *Zeitschrift f. Rübenzuckerindustrie.* 1891, p. 157.

Hesse. — *Sur les alcaloïdes du quinquina* (Liebig's Annal. chimie, t. CLXVI, p. 203; t. CLXXXII, p. 128).

Jamin et Bouty. — *Traité de physique* (Paris, Gauthier-Villars).

Jungleisch et Grimbert. — *Comptes-Rendus,* 1888, t. CVII, p. 390.

Kohlrausch. — *Leitfaden der praktischen Physik* 7e édition (Leipzig, 1892).

Lamy (E. O). — *Dictionnaire de l'industrie et des arts industriels.*

Landolt. — *Das optische Drehungsvermögen organischer Substanzen* (Braunschweig, 1879).

— *Neuerungen an Polaristrobometern* (Zeitschrift für Instrumenten kunde, avril 1883).

Landolt und Boernstein. — *Physikalisch-chemische. Tabelln,* 2e édition, Berlin 1894).

Le Bel. — *Notice sur les travaux scientifiques de M. Le Bel* (Paris, 1891, Gauthier-Villars).

Lenz. — *Sur les alcaloïdes du quinquina* (Moniteur Scientifique du Dr Quesneville, janvier, 1889).

Lindet. — *Dosage du raffinose* (J. de F. S. 4 septembre 1889).

Lippich. — *Divers travaux sur la polarimétrie* (Zeitschrift für Instrumentenkunde, mai et octobre 1892, septembre 1894).

Lippmann V. — *Chemie der Zukerarten* (Braunschweig, 1895).

Loiseau. — *Sur la raffinose* (Comptes-Rendus).

De Luynes et Aimé Girard. — *Sur le poids normal du saccharimètre* (Comptes-Rendus, 1875, p. 1354).

Mascart. — *Traité d'optique* (Paris, 1893).

Moreau. — *Pouvoir rotatoire du camphre dans diverses dissolutions.* Journal de chimie et de pharmacie, t. XXX (1894), p. 14.

Nasini et Villavecchia. — *Sul peso normale pes saccharimetri.* Roma, 1891.

Oudemans. — *Sur le pouvoir rotatoire des alcaloïdes du quinquina* (Journal de chimie et de pharmacie, Avril 1884).

Pasteur. — *Leçons de chimie* professées, en 1860, à la Société chimique de Paris (1861).

Scheibler. — *Verbesserungen des Soleil-Wenzkeschen Polarisationsapparat* (Zeitschrift des Vereines für Rübenzuckerindustrie, 1870, p. 609).

Schmitz. — *Spezifische Drehung des Rohrzucker* (Berichte der Deutschen chem. Gesellschaft, 1877, p. 1414).

— *Polarisationstuffeln* (Zeitschrift des Vereines für Rübenzuckerindustrie, septembre 1880).

Sidersky. — *Traité d'analyse des matières sucrées* (Paris, 1890. Bernard et Cie).

Sidersky et Dupont. — *Tables de polarisation* (Bulletin de l'Association des chimistes, Juin 1885).

Tollens. — *Handbuch der Kohlenhydrate* (Leipzig, 1888).

— Nombreux travaux dans *Liebig's Annalen der Chemie.*

Van T'Hoff. — *Dix ans dans l'histoire d'une théorie.* Die Lagerung der Atome im Raume (Brauschweig, 1894).

De Vrij. — *Alcaloïdes du quinquina* (Zeitschrift für analytische Chemie, t. XXVI, p. 659).

Wild. — *Polaristrobometer* (Bulletin de l'Académie Impériale des Sciences de St-Pétersbourg, 1870).

Wiley. — *Essai de sirops de glucose* (Report of glucose prepared by the national académy of sciences, 1884, Washington).

Wüllner. — *Lehrbuch der Physik* (Leipzig, 1882-86).

TABLE DES MATIÈRES

—

DEUXIÈME PARTIE

CHAPITRE V

CHAPITRE VI

ST-AMAND (CHER). — IMP. DESTENAY, BUSSIÈRE FRÈRES

TRAITÉ PRATIQUE

DE

PRÉVISION DU TEMPS

Par J. R. PLUMANDON

Météorologiste à l'Observatoire du Puy-de-Dôme
Officier de l'Instruction Publique

1 vol. in-8° avec fig. et cartes en couleur, cartonné. **2** fr.
franco par poste. . . . . **2** fr. **50**

Les trois premiers chapitres de ce traité sont consacrés à l'exposition très succinte des principes généraux dont la vulgarisation rendra de grands services. Cette méthode est résumée par le métroscope et par le tableau synoptique de la prévision du temps.

En somme, grâce à vingt années d'expérience, et avec l'aide de nombreuses et longues statistiques, l'auteur a fait pour la prévision des différents météores, pluies, neige, tempêtes, orages, gelées, etc., ce que le commodore Maury a réalisé vers 1848 pour la prévision des vents. Le météoroscope et le tableau synoptique offrent à tout le monde et aux agriculteurs en partilier des avantages analogues à ceux que les *Sailing Directions* ont procurés à la navigation maritime.

TRAITÉ

DE

PATHOLOGIE GÉNÉRALE

PUBLIÉ PAR

Ch. BOUCHARD

Membre de l'Institut
Professeur de Pathologie générale à la Faculté de Médecine de Paris

SECRÉTAIRE DE LA RÉDACTION :

G.-H. ROGER

Professeur agrégé à la Faculté de Médecine de Paris
Médecin des Hôpitaux

COLLABORATEURS

MM. Arnozan — D'Arsonval — Benni — R. Blanchard — Bourcy
— Brun — Cadiot — Chabrié — Chantemesse — Charrin —
Chauffard — Courmont — Déjerine — Pierre Delbet — Deri-
gnac — Devic — Ducamp — Mathias Duval — Féré — Frémy
— Gaucher — Gilbert — Girode — Gley — Guignard — Louis
Guinon — A. F. Guyon — Hallé — Hénocque — Hugounenq —
Lambling — Landouzy — Laveran — Lebreton — Le Gendre
— Lejars — Le Noir — Lermoyez — Letulle — Lubet-Barbon
— Marfan — Mayor — Ménétrier — Nicaise — Pierret —
G.-H. Roger — Gabriel Roux — Ruffer — Raymond — Tripier
— Vuillemin — Fernand Widal.

Conditions de la publication :

Le **Traité de Pathologie générale** *sera publié en 6 volumes grand in-8°. Chaque volume comprendra environ
900 pages, avec nombreuses figures dans le texte.*

*Le tome I est en vente; le tome II sera mis en vente très
prochainement. Les autres volumes seront mis en vente successivement et à des intervalles rapprochés.*

L'éditeur accepte jusqu'à la publication du second volume des
souscriptions au prix à forfait de **102 francs,** quels que soient
l'étendue de l'ouvrage et le prix définitif de la publication terminée.

DIVISIONS DU TOME PREMIER

1 vol. gr. in-8° de 1018 pages avec figure dans le texte. 18 fr.

H. ROGER, professeur agrégé à la Faculté de médecine de Paris, médecin des hôpitaux. — **Introduction à l'étude de la pathologie générale.**

H. ROGER ET **P.-J. CADIOT**. — **Pathologie comparée de l'homme et des animaux.**

P. VUILLEMIN, chargé de cours à la Faculté de médecine de Nancy. — **Considérations générales sur les maladies des végétaux.**

MATHIAS DUVAL, professeur à la Faculté de médecine de Paris — **Pathogénie générale de l'embryon. Tératogénie.**

LE GENDRE, médecin des hôpitaux. — **L'hérédité et la pathologie générale.**

BOURCY, médecin des hôpitaux. — **Prédisposition et immunité.**

MARFAN, professeur agrégé à la Faculté de médecine de Paris, médecin des hôpitaux. — **La fatigue et le surmenage.**

LEJARS, professeur agrégé à la Faculté de médecine de Paris, chirurgien des hôpitaux. — **Les Agents mécaniques.**

LE NOIR. — **Les Agents physiques. Chaleur. Froid. Lumière. Pression atmosphérique. Son.**

D'ARSONVAL, membre de l'Institut, professeur au Collège de France. — **Les Agents physiques. L'énergie électrique et la matière vivante.**

LE NOIR. — **Les Agents chimiques : les caustiques.**

H. ROGER. — **Les intoxications.**

DIVISIONS DU TOME II

CHARRIN, professeur agrégé à la Faculté de médecine de Paris, médecin des hôpitaux. — **L'infection.**

GUIGNARD, membre de l'Institut, professeur à l'Ecole de pharmacie. — **Notions générales de morphologie bactériologique.**

HUGOUNENQ, professeur à la Faculté de médecine de Lyon. — **Notions de chimie bactériologique.**

ROUX, professeur agrégé à la Faculté de médecine de Lyon. — **Les microbes pathogènes.**

CHANTEMESSE, professeur agrégé à la Faculté de médecine de Paris, médecin des hôpitaux. — **Habitat des microbes.**

LAVERAN, membre de l'Académie de médecine. — **Des maladies épidémiques.**

R. BLANCHARD. professeur à la Faculté de médecine de Paris, membre de l'Académie de médecine. — **Les parasites.**

RUFFER. — **Sur les parasites des tumeurs épithéliales malignes·**

DU SANG

ET DE SES

ALTÉRATIONS ANATOMIQUES

PAR LE

Dr Georges HAYEM

Professeur à la Faculté de Médecine de Paris
Membre de l'Académie de Médecine
Médecin de l'Hôpital Saint-Antoine

1 fort vol. in-8° avec 126 figures dans le texte reproduisant
en noir et en couleur les dessins histologiques de l'auteur.
Cartonné. . . . . 32 fr.

« Cet ouvrage, dit l'auteur dans sa préface, est un essai d'hémato-
logie clinique fondé sur l'histoire anatomique du sang. C'est le fruit
de près de quatorze années d'études entreprises à la fois à l'hôpital
et au laboratoire et poursuivies presque sans interruption. »

M. Hayem a traité toutes ces matières avec méthode. Ainsi d'abord
la technique, l'examen du sang, le dénombrement des globules, la
numération des hématoblastes, l'examen spectroscopique, anatomie du
sang, anatomie comparée, physiologie, modifications relatives à l'âge,
puis altérations, processus morbides, anémie, albuminurie. Ensuite,
développement et rénovation du sang, pathologie, chlorose, traitement,
pleurésie, érysipèle, fièvres éruptives, tuberculose, etc. Enfin, étude
des principales maladies dont le diagnostic peut être fait à l'aide de
l'examen du sang. Cet ouvrage fera époque et marquera une étape dans
l'histoire de nos connaissances sur l'anatomie et la physiologie du
sang.

RECETTES

DE

L'ÉLECTRICIEN

Colligées et mises en ordre

PAR

E. HOSPITALIER

Ingénieur des Arts et Manufactures
Professeur à l'École de physique et de chimie industrielles
de la Ville de Paris
Rédacteur en chef de l'*Industrie Électrique*

1 vol. in-18 avec figures dans le texte, cartonné toile anglaise. . . . . 4 fr.

Extrait de la préface de l'auteur :

« Lorsque parut, en 1883, la première année du *Formulaire de l'Électricien*, l'ouvrage renfermait un certain nombre de renseignements pratiques, recettes, tours de main, etc., que le manque de place nous obligea bientôt à supprimer, au grand regret de bon nombre de nos fidèles lecteurs.....

« Nous n'avions fait ces suppressions rendues nécessaires que dans le secret espoir d'utiliser un jour ces recettes, procédés et tours de main dans un livre plus spécialement destiné aux ouvriers, monteurs, amateurs, à tous ceux, en un mot, qui mettent la main à la pâte à l'usine, à l'atelier, au laboratoire, ou dans leur propre maison, exécutent un appareil ou un circuit, l'installent ou le mettent en service, etc. C'est à eux que s'adressent les **Recettes de l'Électricien** que nous publions aujourd'hui ».

SYSTÈMES COLONIAUX

ET

PEUPLES COLONISATEURS

DOGMES ET FAITS

Par Marcel DUBOIS

Professeur de Géographie coloniale à la Sorbonne

1 vol. in-18 . . . . 3 fr. **50**

C'est l'évolution des systèmes coloniaux, ce sont les modifications apportées par chaque peuple dans sa manière de coloniser que M. Marcel Dubois a voulu brièvement retracer dans son livre. On y trouvera une rapide histoire de la colonisation depuis l'antiquité jusqu'à notre époque, non seulement chez les peuples qu'on est convenu de regarder comme des peuples colonisateurs, mais chez d'autres qu'on oublie à tort, les Russes par exemple. L'auteur termine son travail en énonçant des idées forts justes sur la continuité des doctrines et des pratiques coloniales en France, et en mettant en relief quelques mérites trop rabaissés de nos hommes d'État et de nos institutions.

Recettes et

Procédés utiles

RECUEILLIS PAR

GASTON TISSANDIER

RÉDACTEUR EN CHEF DU JOURNAL « *LA NATURE* »

QUATRE SÉRIES PUBLIÉES

Formant 4 volumes in-18 avec figures

Chaque volume est vendu séparément :

Broché. . . . **2** fr. **25** | Cartonné . . . . **3** fr.

Ces quatre volumes contiennent une mine inépuisable de renseignements et de documents que l'auteur a compulsés et méthodiquement réunis. Ils seront utilement consultés par les personnes appartenant aux professions les plus différentes : femmes de ménage, chimistes, physiciens, industriels, et généralement tous les amateurs et amis des sciences.

En outre, on trouve dans cet ouvrage la description de petits appareils domestiques, de systèmes bien conçus que le lecteur aura intérêt à connaître, et dont il aura occasion de se servir avec profit.

COURS
DE PHYSIQUE

DE

L'ÉCOLE POLYTECHNIQUE
Par M. J. JAMIN

QUATRIÈME ÉDITION

AUGMENTÉE ET ENTIÈREMENT REFONDUE,

PAR

M. BOUTY,
Professeur à la Faculté des Sciences de Paris.

Quatre Tomes in-8, de plus de 4000 pages, avec 1587 figures et 14 planches sur acier, dont 2 en couleur; 1885-1891. (Ouvrage complet). . . . . 72 fr.

On vend séparément:

Tome I. — 9 fr.

(*) 1er fascicule. — *Instruments de mesure. Hydrostatique;* avec 150 fig. et 1 planche . . . . 5 fr.
2e fascicule. — *Physique moléculaire;* avec 93 figures . . 4 fr.

Tome II. — Chaleur. — 15 fr.

(*) 1er fascicule. — *Thermométrie. Dilatations;* avec 98 fig . . 5 fr.
(*) 2e fascicule. — *Calorimétrie;* avec 48 fig. et 2 planches . 5 fr.
3e fascicule. — *Thermodynamique. Propagation de la chaleur;* avec 47 figures . . . . 5 fr.

Tome III. — Acoustique; Optique. — 22 fr.

1er fascicule. — *Acoustique;* avec 123 figures. . . . . . 4 fr.
(*) 2e fascicule. — *Optique géométrique;* avec 139 figures et 3 planches. . . . . 4 fr.
3e fascicule. — *Étude des radiations lumineuses, chimiques et calorifiques; Optique physique;* avec 249 fig. et 5 planches, dont 2 planches de spectres en couleur . . . . 14 fr.

(*) Les matières du programme d'admission à l'Ecole Polytechnique sont comprises dans les parties suivantes de l'Ouvrage : Tome I, 1er fascicule ; Tome II, 1er et 2e fascicules ; Tome III, 2e fascicule.

Tome IV (1ʳᵉ Partie). — Électricité statique et dynamique. — 13 fr.

1ᵉʳ fascicule. — *Gravitation universelle. Électricité statique ;* avec 155 fig. et 1 planche . . . . 7 fr.

2ᵉ fascicule. — *La pile. Phénomènes électrothermiques et électrochimiques ;* avec 161 fig. et 1 planche . . . . 6 fr.

Tome IV. — (2ᵉ Partie). — Magnétisme ; applications. — 13 fr.

3ᵉ fascicule. — *Les aimants. Magnétisme. Électromagnétisme. Induction ;* avec 240 figures. . . . . 8 fr.

4ᵉ fascicule. — *Météorologie électrique ; applications de l'électricité. Théories générales ;* avec 84 fig. et 1 pl. . . . . 5 fr.

TABLES GÉNÉRALES.

Tables générales, par ordre de matières et par noms d'auteurs, des quatre volumes du Cours de Physique. In-8 ; 1891 . . . 60 c.

Des suppléments destinés à exposer les progrès accomplis viendront compléter ce grand Traité et le maintenir au courant des derniers travaux.

ANDRIEU (Pierre), Chimiste agronome. — **Le vin et les vins de fruits.** *Analyse du moût et du vin. Vinification. Sucrage. Maladies du vin. Étude sur les levures de vin cultivées. Distillation.* In-8 de 380 pages, avec 78 figures ; 1894. . . . . 6 fr. 50

APPEL (Paul), Membre de l'Institut, Professeur à la Faculté des Sciences, et **GOURSAT (Edouard)**, Maître de Conférences à l'École Normale supérieure. — **Théorie des fonctions algébriques et de leurs intégrales.** *Étude des fonctions analytiques sur une surface de Riemann,* avec une Préface de M. Hermite. Grand in 8, avec 91 figures ; 1895 . . . . 16 fr.

BOUSSAC, inspecteur général des Postes et Télégraphes. — **Construction des lignes électriques aériennes.** (*École Professionnelle supérieure des Postes et Télégraphes*). Ouvrage complété par E. Massin, ingénieur des Télégraphes. Grand in-8, avec 201 figures ; 1894. . . . . 6 fr. 50

BRUNHES (Bernard), Docteur ès Sciences, Maître de Conférences à la Faculté des Sciences de Lille. — **Cours élémentaire d'Électricité.** *Lois expérimentales et principes généraux. Introduction à l'Électrotechnique.* Leçons professées a l'Institut industriel du nord de la France. In-8, avec 137 figures ; 1895. . . . 5 fr.

GÉRARD (Éric), Directeur de l'Institut électro-technique Montefiore. — **Leçons sur l'Électricité,** professées à l'Institut électro-technique. 4ᵉ édition, revue et notablement augmentée, 2 volumes se vendant séparément :

Tome I : *Théorie de l'Électricité et du Magnétisme. Électrométrie. Théorie et construction des générateurs et des transformateurs électriques,* avec 269 figures ; 1893. . . . . 12 fr.

Tome II : *Canalisation et distribution de l'énergie électrique. Application de l'électricité à la production et à la transmission de la puissance motrice, à la traction, à la télégraphie et à la téléphonie, à l'éclairage et à la métallurgie,* avec 263 figures ; 1895. . . . 12 fr.

MANNHEIM (Le Colonel A.), Professeur à l'École Polytechnique. — **Principes et Développements de la Géométrie cinématique.** *Ouvrage contenant de nombreuses applications à la théorie des surfaces.* In-4, avec 186 figures ; 1894. . . . . 25 fr.

MONOD (Édouard-Gabriel). — **Stéréochimie.** *Exposé des théories de* Le Bel *et* Van't Hoff, *complétées par les travaux de MM.* Fischer, Bæyer, Guye *et* Friedel, *avec une Préface de M. C.* Friedel. In-8, avec nombreuses figures ; 1895 . . . . 5 fr.

ENCYCLOPÉDIE DES TRAVAUX PUBLICS

ET ENCYCLOPÉDIE INDUSTRIELLE

Fondées par M.-C. Lechalas, Inspecteur général des Ponts et Chaussées

ALHEILIG, Ingénieur de la Marine, Ex-Professeur à l'Ecole d'application du Génie maritime, et **ROCHE (Camille)**, Industriel, ancien Ingénieur de la Marine. — **Traité des machines à vapeur**, rédigé conformément au programme du *Cours de machines à vapeur de l'Ecole centrale.* Deux volumes grand in-8°, se vendant séparément (E. I).

Tome I : *Thermodynamique théorique et applications. La machine à vapeur et les métaux qui y sont employés. Puissance des machines, diagrammes indicateurs. Freins. Dynamomètres. Calcul et dispositions des organes d'une machine à vapeur. Régulation, épures de détente et de régulation. Théorie des mécanismes de distribution, détente et changement de marche. Condensation, alimentation. Pompes de service.* Volume de xi-604 pages, avec 412 fig., 1895. . . . . . . 20 fr.

Tome II : *Forces d'inertie. Moments moteurs. Volants régulateurs. Description et classification des machines. Machines marines. Propulsion des navires. Moteurs à gaz et à air chaud. Graissage, joints et presse-étoupes. Montage des machines et essais des moteurs. Prix de revient d'installation et d'exploitation. Amortissements. Frais divers. Historique des machines à vapeur. Tables numériques.*

(*Sous presse*).

APPERT (Léon) et HENRIVAUX (Jules), Ingénieurs. — **Verre et Verrerie.** Grand in-8° de 460 p. avec 130 fig. et un Atlas de 14 planches in-4° ; 1894 (E. I.). . . . . 20 fr.

Historique. — Classification. — Composition des agents physiques et chimiques. — Produits réfractaires. — Fours de verrerie. — Combustibles. — Verres ordinaires. — Glaces et produits spéciaux. — Verre de Bohème. — Cristal. — Verres d'optique. — Phares. — Strass. — Email. — Verres colorés. — Mosaïque. — Vitraux. — Verres durs. — Verres malléables. — Verres durcis par la trempe. — Etude théorique et pratique des défauts du verre.

BRICKA (C.), Ingénieur en chef des Ponts et Chaussées, Ingénieur en chef de la voie et des bâtiments aux Chemins de fer de l'Etat. — **Cours de Chemins de fer**, *professé à l'Ecole nationale des Ponts et Chaussées.* 2 beaux volumes grand in-8, se vendant séparément. (E. T. P.)

Tome I : *Etudes.* — *Construction.* — *Voie et appareils de voie.* Volume de VIII-634 pages avec 326 figures, 1894. . . . . 20 fr.

Tome II : *Matériel roulant et Traction.* — *Exploitation technique.* — *Tarifs.* — *Dépenses de construction et d'exploitation.* — *Régime des concessions.* — *Chemins de fer de systèmes divers.* Volume de 709 pages avec 177 figures ; 1894. . . . . 20 fr.

L'éminent ingénieur Sévène, qui a longtemps professé le Cours de Chemins de fer à l'Ecole des Ponts et Chaussées, avait fait autographier ses Leçons ; mais cet Ouvrage est épuisé depuis longtemps, — et d'ailleurs, si grande qu'ait été sa valeur, il ne serait plus au courant des progrès réalisés depuis cette époque. Aussi M. Bricka a-t-il rendu un service signalé à tous ceux qui s'intéressent à l'art de l'Ingénieur en publiant l'Ouvrage considérable que nous annonçons et qui contient non seulement les matières du cours oral, mais beaucoup de questions et bien des détails que les Leçons ne peuvent donner.

Cette œuvre émane d'un homme qui a beaucoup fait, beaucoup vu faire, et qui maintenant dirige l'un des grands services des Chemins de fer de l'Etat, en même temps qu'il enseigne à nos futurs ingénieurs la plus difficile des parties de leur art. C'est dire qu'elle apporte une puissante contribution à toutes les questions relatives aux Chemins de fer.

CRONEAU (A.), Ingénieur de la Marine, Professeur à l'Ecole d'application du Génie maritime. — **Architecture navale. — Construction pratique des navires de guerre.** 2 volumes gr. in-8° se vendant séparément (E. T. P.)

> Tome I : *Plans et devis. — Matériaux. — Assemblages. — Différents types de navires. — Charpente. — Revêtement de la coque et des ponts.* Gr. in-8, de 379 pages avec 305 fig. et un Atlas de 11 pl. in-4° doubles, dont 2 en trois couleurs; 1894 . . . . 18 fr.

> Tome II : *Compartimentage. — Cuirassement. — Pavois et garde-corps. — Ouvertures pratiquées dans la coque, les ponts et les cloisons. — Pièces rapportées sur la coque. — Ventilation. — Service d'eau. — Gouvernails. — Corrosion et salissure. — Poids et résistance des coques.* Grand in-8, de 616 pages avec 359 figures; 1894 . . . . 15 fr.

DEHARME (E.), Ingénieur principal du Service central de la Compagnie du Midi, Professeur du Cours de Chemins de fer à l'Ecole Centrale des Arts et Manufactures, et **PULIN** (A.), Ingénieur des Arts et Manufactures, Ingénieur-Inspecteur principal de l'Atelier central du Chemin de fer du Nord.— **Chemins de fer. Matériel roulant. Résistance des trains. Traction.** Un volume grand in-8 de xxii-441 pages, avec 95 figures et 1 planche; 1895. (E. I.) . . . . . 15 fr.

DENFER (J.). Architecte, Professeur à l'École Centrale. — **Architecture et constructions civiles. — Couvertures des édifices.** — *Ardoises, tuiles, métaux, matières diverses, chéneaux et descentes.* Grand in-8 de 469 pages, avec 423 figures; 1893. (E. T. P.). . . . . , 20 fr.

> Chap. I : *Considérations générales.* — Chap. II : *Couvertures en ardoises.* — Chap. III : *Couvertures en pierres, ciments et asphaltes.* — Chap. IV : *Couvertures en tuiles.* — Chap. V : *Couvertures en verre.* — Chap. VI : *Couvertures métalliques.* — Chap. VII : *Couvertures en matériaux ligneux.* — Chap. VIII : *Gouttières, chéneaux et accessoires de couverture.*

DENFER (J.). Architecte, professeur à l'Ecole Centrale. — **Architecture et Constructions civiles. — Charpenterie métallique. Menuiserie en fer et serrurerie.** — 2 beaux volumes se vendant séparément. (E. T. P).

> Tome I : *Généralités sur la fonte, le fer et l'acier. — Résistance de ces matériaux. — Assemblages des éléments métalliques. — Chaînages, linteaux et poitrails. — Planchers en fer. — Supports verticaux. Colonnes en fonte. Poteaux et piliers en fer.* Grand in-8 de 584 pages, avec 479 figures; 1894. 20 fr.

> Tome II : *Pans métalliques. — Combles. — Passerelles et petits ponts. — Escaliers en fer. — Serrurerie. (Ferrements des charpentes et menuiseries. Paratonnerres. Clôtures métalliques. Menuiserie en fer. Serres et vérandas).* Grand in-8, de 626 pages, avec 571 figures; 1894 . . . . 20 fr.

GOUILLY (Alexandre), Ingénieur des Arts et Manufactures, Répétiteur de mécanique appliquée à l'Ecole Centrale. — **Éléments et organes des machines.** Grand in-8, de 406 pages avec 710 figures; 1894 (E. I.) . . . 12 fr.

Généralités. La fonte et les principes du moulage. L'acier et le fer fondu. Le fer, cuivre, zinc, étain, nickel, plomb, bronzes, laitons. Le bois, cuirs, caoutchouc, lubrifiants, etc. Rivure, boulons, écrous et vis. Vis à bois et à métaux, tirefonds, clavettes. Assemblages des bois et ferrures, assemblages des tuyaux. Robinets. Valves, clapets, soupapes, ventouses. Appareils de graissage. Généralités sur les machines à vapeur. Cylindres et presse-étoupe. Pistons et tiges de pistons, bielles. Balancier et parallélogramme de Watt. Manivelles, excentriques, arbres, engrenages, poulies, volants. Mécanismes de modifications de mouvements, paliers, chaises. Travail des forces, rendement des machines, formulaire pour le calcul des organes de machines.

GUIGNET (Ch.-Er.), Ingénieur (Ecole Polytechnique), Directeur des teintures aux Manufactures nationales des Gobelins et de Beauvais ; **DOMMER (F.)**, Ingénieur des Arts et manufactures, Professeur à l'Ecole de Physique et de Chimie industrielles de la ville de Paris, et **GRANDMOUGIN (E.)**, Chimiste, Ancien préparateur à l'Ecole de Chimie de Mulhouse. — **Industries textiles. Blanchiment et apprêts. Teinture et impression. Matières colorantes.** Un volume grand in-8 de 674 pages, avec 345 figures et échantillons de tissus imprimés ; 1895. (E. I.) . . . . 30 fr.

Cet important ouvrage, avec 345 figures dans le texte, et un choix d'échantillons de tissus, s'adresse surtout aux industriels ; mais il sera aussi très apprécié par ceux qui désirent connaître l'état actuel des grandes industries textiles. Rien n'a été négligé par les auteurs pour donner une idée aussi exacte que possible des merveilleuses machines récemment créées pour le traitement des fibres textiles à l'état brut ou sous la forme de fils et de tissu. L'emploi des matières colorantes nouvelles est décrit avec tous les détails nécessaires pour guider les praticiens.

HENRY (Ernest), Inspecteur général des Ponts et Chaussées. Directeur du personnel du Ministère des Travaux-Publics. — **Ponts sous-rails, Ponts-routes a travées métalliques indépendantes, Formules, Barèmes et Tableaux.** *Calculs rapides des moments fléchissants et efforts tranchants pour les ponts supportant des voies ferrées de largeur normale, des voies de un mètre, des routes et chemins vicinaux.* Gr. in-8 de VIII-632 pages avec 267 fig. ; 1894. (E. T. P.) . . . . 20 fr.

Cet ouvrage a pour but de supprimer les recherches, les calculs ou les épures que comporte actuellement la détermination des moments fléchissants et des efforts tranchants. Les charges roulantes prévues, tant pour les ponts sous-rails que pour les ponts-routes, sont celles qui ont été prescrites par le règlement ministériel du 29 août 1891. Les moments fléchissants et les efforts tranchants sont fournis, suivant les cas, soit par des formules simples ou des constructions faciles, soit par des tableaux qui les donnent tout calculés, à des intervalles égaux au dixième de la longueur de la poutre, pour des portées variant de mètre en mètre jusqu'à 100^m, en ce qui concerne les chemins de fer à voie large, et jusqu'à 75^m en ce qui concerne les chemins de fer à voie de 1^m ainsi que les voies de terre.

LAPPARENT (Henri de), Inspecteur général de l'Agriculture. — **Le Vin et l'Eau-de-vie de vin.** Grand in-8 de 542 pages, avec 111 figures et 28 cartes ; 1895. . . . . 12 fr.

Dans cet excellent Ouvrage, qui sera lu par tous les viticulteurs soucieux de leurs intérêts, l'Auteur a retracé les progrès les plus récents dans l'art de fabriquer le vin et l'eau-de-vie. Après une impartiale appréciation des territoires vinicoles, question délicate, que sa position et l'affectueuse estime du monde agricole lui permettaient de faire, l'Auteur passe en revue les diverses opérations qui constituent l'art de fabriquer le vin ; le *raisin, les vendanges,* la *vinification, les cuvées et chais,* le *vin après le décuvage,* le *vin en bouteilles* sont l'objet d'autant de Chapitres où les propriétaires trouveront le moyen de réaliser de grandes améliorations et de réelles économies.
Viennent ensuite la fabrication de l'eau-de-vie, la statistique de la production et de la consommation (vins et eaux-de-vie) les prix de revient, l'étude détaillée du commerce et du transport des vins, la législation fiscale, le régime douanier, les tarifs des chemins de fer, etc. Vingt-huit Cartes détaillées et minutieusement exactes des régions vinicoles accompagnent et complètent cette œuvre magistrale.

LECHALAS (Georges), Ingénieur en chef des Ponts et Chaussées. — **Manuel de droit administratif.** *Service des Ponts et Chaussées et des chemins vicinaux.* 2 volumes grand in-8, se vendant séparément. (E. T. P.).

Tome I : *Notions sur les trois pouvoirs. Personnel des Ponts et Chaussées. Principe d'ordre financier. Travaux intéressant plusieurs services. Expropriations. Dommages et occupations temporaires.* Volume de cxlvii-536 pages ; 1889. . 20 fr.

Tome II (Ire Partie) : *Participation des tiers aux dépenses des travaux publics. Adjudications. Fournitures. Régie. Entreprises. Concessions.* Volume de viii-399 pages ; 1893 . . . . 10 fr.

BIBLIOTHÈQUE
PHOTOGRAPHIQUE

La Bibliothèque photographique se compose de plus de 200 volumes et embrasse l'ensemble de la Photographie considérée au point de vue de la science, de l'art et des applications pratiques.

A côté d'ouvrages d'une certaine étendue, comme le *Traité* de M. Davanne, le *Traité encyclopédique* de M. Fabre, le *Dictionnaire de Chimie photographique* de M. Fourtier, la *Photographie médicale* de M. Londe, etc., elle comprend une série de monographies nécessaires à celui qui veut étudier à fond un procédé et apprendre les tours de main indispensables pour le mettre en pratique. Elle s'adresse donc aussi bien à l'amateur qu'au professionnel, au savant qu'au praticien.

EXTRAIT DU CATALOGUE.

Berthier (A). — *Manuel de Photochromie interférentielle. Procédés de reproduction directe des couleurs.* In-18 jésus, avec 25 figures ; 1895. . . . . 2 fr. 50

Courrèges (A.), Praticien. — *Ce qu'il faut savoir pour réussir en Photographie.* Petit in-8 ; 1894 . . . . 2 fr. 50

Davanne. — *La Photographie. Traité théorique et pratique.* 2 beaux volumes grand in-8, avec 234 figures et 4 planches spécimens. 32 fr.
Chaque volume se vend séparément 16 francs

Fabre (C.). Docteur ès sciences. — *Traité encyclopédique de Photographie.* 4 beaux volumes gr. in-8, avec plus de 700 figures et 2 planches ; 1889-1891 . . . . 48 fr. »»
Chaque volume se vend séparément 14 fr.

Tous les trois ans, un Supplément, destiné à exposer les progrès accomplis pendant cette période, viendra compléter ce Traité et le maintenir au courant des dernières découvertes.
Premier Supplément triennal (A). Un beau volume grand in-8 de 400 pages, avec 176 figures ; 1892. . . . . 14 fr.
Les 5 volumes se vendent ensemble 60 fr.

Fourtier (H.), Bourgeois et Bucquet. — *Le Formulaire classeur du Photo-club de Paris.* Collection de formules sur fiches, renfermées dans un élégant cartonnage et classées en trois parties : *Phototypes, Photocopies et Photocalques, Notes et Renseignements divers,* divisées chacune en plusieurs Sections.
Première Série, 1892. 4 fr. ; Deuxième série, 1894. 3 fr. 50.

Guerronnan (ANTHONNY). — *Dictionnaire synonymique français, allemand, anglais, italien et latin des mots techniques et scientifiques employés en photographie.* In-8° jésus ; 1895. . . . 5 fr.

Mullin (A.), Professeur de Physique au Lycée de Grenoble. — *Instructions pratiques pour produire des épreuves irréprochables au point de vue technique et artistique.* In-18 jésus, avec figures ; 1895. . . . . 2 fr. 75

Trutat (E.). — *La Photographie en montagne.* In-18 jésus, avec figures et 1 planche ; 1894 . . . . , . . 2 fr. 75

Appell (Paul), Membre de l'Institut. — **Traité de Mécanique rationnelle.** (Cours de Mécanique de la Faculté des Sciences). 3 volumes grand in-8, se vendant séparément.

Tome I : *Statique. Dynamique du point*, avec 178 fig. ; 1893.   16 fr.
Tome II : *Dynamique des systèmes, mécanique analytique*, avec figures, 1895. Prix pour les souscripteurs . . . .   14 fr.
Un premier fascicule (192 p.) a paru.
Tome III : *(sous presse)*.

Brisse (Ch.). — **Cours de géométrie descriptive** à l'usage des *Élèves de l'Enseignement secondaire moderne.* Grand in-8, avec 345 figures ; 1895 . . . . 7 fr.

Chappuis (J.), Professeur de Physique générale à l'Ecole Centrale, et **Berget (A.)**, Docteur ès sciences, attaché au laboratoire des Recherches physiques de la Sorbonne. — **Leçons de Physique générale.** *Cours professé à l'Ecole Centrale des Arts et Manufactures et complété suivant le programme de la Licence ès sciences physiques.* 3 volumes grand in-8 se vendant séparément.

Tome I : *Instruments de mesure. Chaleur.* Avec 175 figures ; 1891. 13 fr.
Tome II : *Electricité et Magnétisme.* Avec 305 figures ; 1891. . 13 fr.
Tome III : *Acoustique. Optique ; Electro-optique.* Avec 193 figures ; 1892 . . . . 10 fr.

Gautier (Henri), et **Charpy (Georges)**, Anciens élèves de l'École Polytechnique, Docteurs ès-Sciences. — **Leçons de Chimie,** *à l'usage des élèves de Mathématiques spéciales.* 2º édition entièrement refondue (notation atomique). Gr. in-8, avec 92 fig. ; 1894. 9 fr.

Garçon (Jules). — **La pratique du teinturier.** 3 volumes in-8, se vendant séparément.

Tome I : *Les méthodes et les essais de teinture. Le succès en teinture ;* 1893. 3 fr. 50
Tome II : *Le matériel de teinture avec 245 figures* . . . 10 fr.
Tome III: *Les recettes et procédés spéciaux de teintures.* (S. P.).

Michaut, Commis principal à la Direction technique des Télégraphes de Paris ; et **Gillet,** Commis principal au poste central des Télégraphes de Paris. — **Leçons élémentaires de Télégraphie électrique.** *Système Morse. Manipulation. Notions de Physique et de Chimie. Piles. Appareils et accessoires. Installation des Postes.* 2e édition. In-18 jésus, avec 86 figures ; 1895. 3 fr. 75

Niewenglowski (B.), Professeur de Mathématiques au Lycée Louis-le-Grand, Membre du Conseil supérieur de l'Instruction publique.— **Cours de Géométrie analytique,** à l'usage des Élèves de la classe de Mathématiques spéciales et des Candidats aux Ecoles du Gouvernement. 3 volumes grand in-8, avec de nombreuses figures.

Tome I : *Sections coniques ;* 1894 . . . . 10 fr.
Tome II : *Construction des courbes planes. Compléments relatifs aux coniques,* 1895.   8 fr.
Tome III : *Géométrie dans l'espace* avec une *Note sur les transformations en géométrie* ; par E. Borel.   *(Sous presse.)*

Witz (Aimé). — **Problèmes et calculs pratiques d'électricité.** — (L'Ecole pratique de Physique). In-8, avec 51 figures ; 1893. 7 fr. 50

ENCYCLOPÉDIE SCIENTIFIQUE DES AIDE-MÉMOIRE

Ouvrages parus et en cours de publication

Section de l'Ingénieur

LAVERGNE (Gérard). — Turbines.
HÉBERT. — Boissons falsifiées.
NAUDIN. — Fabrication des vernis.
SINIGAGLIA. — Accidents de chaudières
H. LAURENT. — Théorie des jeux de hasard.
GUENEZ. — Décoration de la porcelaine au feu de moufle.
VERMAND. — Moteurs à gas et à pétrole.
MEYER (Ernest). — L'utilité publique et la propriété privée.
WALLON. — Objectifs photographiques.
BLOCH. — Eau sous pression.
DE LAUNAY. — Statistique générale de la production métallifère.
CRONEAU. — Construction du navire.
DE MARCHENA. — Machines frigorifiques (2 vol.).
PRUD'HOMME. — Teinture et impressions.
ALHEILIG. — Construction et résistance des machines à vapeur.
SOREL. — La rectification de l'alcool.
P. MINEL. — Électricité appliquée à la marine.
DWELSHAUVERS-DERY. — Étude expérimentale dynamique de la machine à vapeur.
AIMÉ WITZ. — Les moteurs thermiques.
DE BILLY. — Fabrication de la fonte.
P. MINEL. — Régularisation des moteurs des machines électriques.
HENNEBERT (C¹). — La fortification.
CAFFARL. — Chronomètres de marine.
HENNEBERT (C¹). — Les torpilles sèches.
LOUIS JACQUET. — La fabrication des eaux-de-vie.
DUDEBOUT et CRONEAU. — Appareils accessoires des chaudières à vapeur.
C. BOURLET. — Traité des bicycles et bicyclettes.
H. LÉAUTÉ et A. BÉRARD. — Transmissions par câbles métalliques.
DE LA BAUME PLUVINEL. — La théorie des procédés photographiques.
HATT. — Les marées.
C¹ VALLIER. — Balistique (2 vol.).
SOREL. — La distillation.
LELOUTRE. — Le fonctionnement des machines à vapeur.
H. LAURENT. — Assurances sur la vie.
SEYRIG. — Statique graphique.
ROUCHÉ. — La perspective.
MOISSAN et OUVRARD. — Le nickel.
HOSPITALIER (E.). — Les compteurs d'électricité.
GUYE (PH.-A.). — Matières colorantes.
LE VERRIER. — La fonderie.
EMILE BOIRE. — La sucrerie.
HENNEBERT (C¹). — Bouches à feu.

Section du Biologiste

DU CAZAL ET CATRIN. — Médecine légale militaire.
LAPERSONNE (DE). — Maladies des paupières et des membranes externes de l'œil.
KŒHLER. — Application de la Photographie aux Sciences naturelles.
BEAUREGARD. — Le microscope et ses applications.
LESAGE. — Le Choléra.
LANNELONGUE. — La Tuberculose chirurgicale.
CORNEVIN. — Production du lait.
J. CHATIN. — Anatomie comparée (4 v.).
CASTEX. — Hygiène de la voix parlée et chantée.
MAGNAN ET SÉRIEUX. — La paralysie générale.
CUÉNOT. — L'influence du milieu sur les animaux.
MERKLEN. — Maladies du cœur.
G. ROCHÉ. — Les grandes pêches maritimes modernes de la France.
OLLIER. — La régénération des os et les résections sous-périostées.
LETULLE. — Pus et suppuration.
CRITZMAN. — Le cancer.
ARMAND GAUTIER. — La chimie de la cellule vivante.
MÉGNIN. — La faune des cadavres.
SÉGLAS. — Le délire des négations.
STANISLAS MEUNIER. — Les météorites.
GRÉHANT. — Les Gaz du sang.
NOCARD. — Les Tuberculoses animales et la Tuberculose humaine.
MOUSSOUS. — Maladies congénitales du cœur.
BERTHAULT. — Les prairies naturelles et temporaires.
ETARD. — Les nouvelles théories chimiques.
BROCQ et JACQUET. — Précis élémentaire de Dermalogie. — III. Dermatoses microbiennes et néoplasies.
TROUESSART. — Parasites des habitations humaines.
LAMY. — Syphilis des centres nerveux.
RECLUS. — La cocaïne en chirurgie.
THOULET. — Guide d'océanographie pratique.
OLLIER. — Résections des grandes articulations des membres.
BAZY. — Troubles fonctionnels des voies urinaires.
FAISANS. — Diagnostic précoce de la tuberculose.
BUDIN. — Thérapeutique obstétricale.
DASTRE. — La Digestion.
AIMÉ GIRARD. — La betterave à sucre.
NAPIAS. — Hygiène industrielle et professionnelle.